建筑工程施工合同管理与实务

主　编：孙书阁
副主编：唐重光　张铁富
　　　　侯钦涛　李合年

黄河水利出版社

图书在版编目(CIP)数据

建筑工程施工合同管理与实务/孙书阁主编.—郑州:黄河水利出版社,2006.8

ISBN 7-80734-101-7

Ⅰ.建… Ⅱ.孙… Ⅲ.建筑工程-工程施工-合同-管理 Ⅳ.TU723.1

中国版本图书馆 CIP 数据核字(2006)第 083404 号

出 版 社:黄河水利出版社

地址:河南省郑州市金水路 11 号　　邮政编码:450003

发行单位:黄河水利出版社

发行部电话:0371-66026940　　传真:0371-66022620

E-mail:hhslcbs@126.com

承印单位:河南省瑞光印务股份有限公司

开本:890mm×1240mm　A5

印张:9

字数:225 千字　　印数:1—4 000 册

版次:2006 年 8 月第 1 版　　印次:2006 年 8 月第 1 次印刷

书号:ISBN 7-80734-101-7/TU·67　　定价:20.00 元

目　录

第一章 概 论

第一节 合同的基本知识

一、合同的概念

合同是平等主体的自然人、法人、其他组织之间设立、变更、终止民事权利义务关系的协议。各国的合同法规范的都是债权合同，它是市场经济条件下规范财产流转关系的基本依据。因此，合同是市场经济中广泛进行的法律行为。而广义的合同还应包括婚姻、收养、监护等有关身份关系的协议，以及劳动合同等，这些合同由其法律进行规范，不属于我国《合同法》中规范的合同。

在市场经济中，财产的流转主要依靠合同。特别是工程项目，标的大、履行时间长、协调关系多，合同尤为重要。因此，建筑市场中的各方主体，包括建设单位、勘察设计单位、施工单位、咨询单位、监理单位、材料设备供应单位等都要依靠合同确立相互之间的关系。如建设单位要与勘察设计单位订立勘察设计合同、建设单位要与施工单位订立施工合同、建设单位要与监理单位订立监理合同等。在市场经济条件下，这些单位相互之间都没有隶属关系，相互之间的关系主要依靠合同来规范和约束。这些合同都是属于《合同法》中规范的合同，当事人都要依据《合同法》的规定订立和履行。

合同作为一种协议，其本质是一种合意，必须是两个以上意思表示一致的民事法律行为。因此，合同的缔结必须由双方当事人协商一致才能成立。合同当事人作出的意思表示必须合法，这样才能具有法律约束力。建设工程合同也是如此。即使在建设工程合同的订立中，承包人一方存在着激烈的竞争（如施工合同的订立中，施工单位的激烈竞争是建设单位进行招标的基础），仍需双方当事人协商一致，发包人不能将自己的意志强加给承包人。双方订立的合同即使是一致的，也不能违反法律、行政法规，否则合同就是无效的，如施工单位超越资质等级许可的业务范围订立施工合同，该合同就没有法律约束力。

合同中所确立的权利义务，必须是当事人依法可以享有的权利和能够承担的义务，这是合同具有法律效力的前提。在建设工程合同中，发包人必须有已经合法立项的项目，承包人必须具有承担承包任务的相应的能力。如果在订立合同的过程中有违法行为，当事人不仅达不到预期的目的，还应根据违法情况承担相应的法律责任。如在建设工同合同中，当事人是通过欺诈、胁迫等手段订立的合同，则应当承担相应的法律责任。

二、《合同法》的基本原则

（一）平等原则

合同当事人的法律地位平等，即享有民事权利和承担民事义务的资格是平等的，一方不得将自己的意志强加给另一方。在订立建设工程合同中双方当事人的意思表示必须是完全自愿的，不能是在强迫和压力下所作出的非自愿的意思表示。因为建设工程合同是平等主体之间的法律行为，发包人与承包人的法律地位平等，只有订立建设工程合同的当事人平等协商，才有可能订立意思表示一致的协议。

（二）自愿原则

合同当事人依法享有自愿订立合同的权利，不受任何单位和个人的非法干预。民事主体在民事活动中享有自主的决策权，其合法的民事权利可以提高抗御非正当行使的国家权力，也不受其他民事主体的非法干预。《合同法》中的自愿原则是有以下含义：第一，合同当事人有订立或者不订立合同的自由；第二，当事人有权选择合同相对人；第三，合同当事人有权决定合同内容；第四，合同当事人有权决定合同形式的自由。即合同当事人有权决定是否订立合同、与谁订立合同、有权拟定或者接受合同条款、有权以书面或者口头的形式订立合同。

当然，合同的自愿原则是要受到法律的限制的，这种限制对于不同的合同而有所不同。相对而言，由于建设工程合同的重要性，导致法律法规对建设工程合同的干预较多，对当事人的合同自愿的限制也较多。例如：建设工程合同内容中的质量条款，必须符合国家的质量标准，因为这是强制性的；建设工程合同的形式，则必须采用书面形式，当事人也没有选择的权利。

（三）公平原则

合同当事人应当遵循公平原则确定各方的权利和义务。在合同的订立和履行中，合同当事人应当正当行使合同权利和履行合同义务，兼顾他人利益，使当事人的利益能够均衡。在双务合同中，一方当事人在享有权利的同时，也要承担相应的义务，取得的利益要与付出的代价相适应。建设工程合同作为双务合同也不例外，如果建设工程合同显失公平，则属于可变更或者可撤销的合同。

（四）诚实信用原则

建设工程合同当事人行使权利、履行义务应当遵循诚实信用原则。

这是市场经济活动中形成的道德规则，它要求人们在交易活动（订立和履行合同）中讲究信用，恪守诺言，诚实不欺。不论是发包人还是承包人，在行使权利时都应当充分尊重他人和社会的利益，对约定的义务要忠实地履行。具体包括：在合同订立阶段，如招标投标时，在招标文件和投标文件中应当如实说明自己和项目的情况；在合同履行阶段应当相互协作，如发生不可抗力时，应当相互告知，并且尽量减少损失。

（五）遵守法律法规和公序良俗原则

建设工程合同的订立和履行，应当遵守法律法规和公序良俗原则。建设工程合同的当事人应当遵守《民法通则》、《建筑法》、《合同法》、《招标投标法》等法律法规，只有将建设工程合同的订立和履行纳入法律的轨道，才能保障建设工程的正常秩序。

公序良俗从词意上理解就是公共秩序和善良风俗。善良风俗应当是以道德为核心的，是某一特定社会应有的道德准则。公序良俗原则要求当事人订立、履行合同时，不但应当遵守法律、行政法规，而且应当尊重社会公德，不得扰乱社会经济秩序，损害社会公共利益。这一原则在司法实践中体现为：如果出现了现行法律未能规定的情况或者按现行法律处理会损害社会公共利益，法官可据此进行价值补充。

三、合同的分类

从不同的角度可以对合同作不同的分类。

（一）《合同法》的基本分类

《合同法》分则部分将合同分为 15 类：买卖合同；供用电、水、气、热力合同；赠与合同；借款合同；租赁合同；融资租赁合同；承揽合同；建设工程合同；运输合同；技术合同；保管合同；仓储合同；委托合同；行纪合同；居间合同。这可以认为是《合同法》对合同的基本分类，《合同法》对每一类合同都作了较为详细的规定。

（二）其他分类

其他分类是侧重学理分析的，《合同法》中也有涉及。

1. 计划与非计划合同

计划合同是依据国家有关计划签订的合同；非计划合同则是当事人根据市场需求和自己的意愿订立的合同。虽然在市场经济中，依计划订立的合同的比重降低了，但仍然有一部分合同是依据国家有关计划订立的。对于计划合同，有关法人、其他组织之间应当依照有关法律、行政法规规定的权利和义务订立合同。

2. 双务合同与单务合同

双务合同是当事人双方相互享有权利和相互负有义务的合同。大多数合同都是双务合同，如建设工程合同。单务合同是指合同当事人双方并不相互享有权利、负有义务的合同。如赠与合同。

3. 诺成合同与实践合同

诺成合同是当事人意思表示一致即可成立的合同。实践合同则要求在当事人意思表示一致的基础上，还必须交付标的物或者其他给付义务的合同。在现代经济生活中，大部分合同都是诺成合同。这种合同分类的目的在于确立合同的生效时间。

4. 主合同与从合同

主合同是指不依赖其他合同而独立存在的合同。从合同是以主合同的存在为存在前提的合同。主合同的无效、终止将导致从合同的无效、终止，但从合同的无效、终止不能影响主合同。担保合同是典型的从合同。

5. 有偿合同与无偿合同

有偿合同是指合同当事人双方任何一方均须给予另一方相应权益方能取得自己利益的合同。而无偿合同的当事人一方无须给予相应权益即可从另一方取得利益。在市场经济中，绝大部分合同都是有偿合同。

6. 要式合同与不要式合同

如果法律要求必须具备一定形式和手续的合同，称为要式合同。反之，法律不要求具备一定形式和手续的合同，称为不要式合同。

四、《合同法》简介

《合同法》是调整平等主体的自然人、法人、其他组织之间设立、变更、终止合同时所发生的社会关系的法律规范的总称。

为了满足我国发展社会主义市场经济的需要，消除市场交易规则的分歧，1999 年 3 月 15 日，第九届全国人大第二次会议通过了《中华人民共和国合同法》，于 1999 年 10 月 1 日起施行，原有的《经济合同法》、《技术合同法》和《涉外经济合同法》三部合同法律同时废止。

《合同法》由总则、分则和附则三部分组成。总则包括以下 8 章：一般规定、合同的订立、合同的效力、合同的履行、合同的变更和转让、合同的权利义务终止、违约责任、其他规定。分则按照合同标的特点分为 15 种。

第二节　合同的订立

一、合同订立的形式

（一）合同形式的概念和分类

合同的形式是当事人意思表示一致的外在表现形式。一般认为，合同的形式可分为书面形式、口头形式和其他形式。口头形式是以口头语言形式表现合同内容的合同。书面形式是指合同书、信件和数据电文（包括电报、电传、传真、电子数据交换和电子邮件）等可以有形地表现所载内容的形式。其他形式则包括公证、审批、登记等形式。

如果以合同形式的产生依据划分，合同形式则可分为法定形式和约定形式。合同的法定形式是指法律直接规定合同应当采取的形式。如《合同法》规定建设工程合同应当采用书面形式，则当事人不能对合同形式加以选择。合同的约定形式是指法律没有对合同形式作出要求，当事人可以约定合同采用的形式。

（二）合同形式的原则

《合同法》颁布前，我国有关法律对合同形式的要求是以要式为原则的。而《合同法》规定，当事人订立合同，有书面形式、口头形式和其他形式。法律、行政法规规定采用书面形式或者当事人约定采用书面形式，应当采用书面形式。《合同法》在一般情况下对合同形式并无要求，只要在法律、行政法规有规定和当事人有约定的情况下要求采用书面形式。可以认为，《合同法》在合同形式上的要求是以不要式为原则的。当然，这种合同形式的不要式原则并不排除对于一些特殊的合同，法律要求应当采用规定的形式（这种规定形式往往是书面形式），比如建设工程合同。《合同法》采用合同形式的不要式原则有以下理由。

1. 合同本质对合同形式不作要求

奴隶社会和封建社会的合同法律，普遍对合法形式有严格要求。这是由于当时的交易安全是人们所最关注的。现代市场经济中，合同自由原则成为合同一切制度的核心。反映在合同订立形式上不再要求具有严格的形式。从合同的本质上看，合同是一种合意，这已为大陆法系国家和英美法系国家所共同接受。合同内容及法律效力的确定应当以当事人内在的真实意思为准，不能以其表现于外部的意志为准。

2. 市场经济要求不应对合同形式进行限制

现代市场交易活动要求商品的流转迅速、方便。而“要式原则”无法做到这一点。如：书面合同的要求将使分处两地的当事人无法通过电话订立合同（也不能通过电话办理委托）；标准合同形式或者要求书面签字盖章的合同无法通过电报、电传等方式订立。特别是通过竞争性方式订立的合同，“要式原则”更有无法克服的困难，如拍卖，在合同实质成立之前并无任何书面的形式。

3. 国际公约要求不应对合同形式进行限制

立法应当与市场经济的国际惯例一致，这已成为各国的共识。虽然目前许多国家对合同形式有要式要求，但大多数国家并未改变“不要式为主”的状况，要式仅是对不要式合同的一种例外要求。在国际公约中也存在着“不要式为主”的原则，如《联合国国际货物销售合同公约》。虽然我国对国际公约这方面的规定声明保留，但从有利于国际贸易的角度考虑，我国也应建立起合同形式以不要式为主的立法体系。

4. 电子技术对合同形式的影响

电子数据交换（Electronic Date Interchange）和电子邮件等电子技术的发展，使信息交流更为快捷，订货和履约更为迅速。并且电子技术实现了订立合同无纸化，在这种形势下对合同形式的严格要求无疑将极大地阻碍新技术的发展和应用。

（三）合同形式欠缺的法律后果

《合同法》规定的合同形式的不要式原则的一个重要体现还在于：即使法律、行政法规规定或当事人约定采用书面形式订立合同，当事人未采用书面形式，但一方已经履行了主要义务，对方接受的，该合同成立。采用书面形式订立合同的，在签字盖章之前，当事人一方已经履行主要义务，对方接受的，该合同成立。因为合同的形式只是当事人意思的载体，从本质上说，法律、行政法规在合同形式上的要求也是为了保障交易安全。如果在形式上不符合要求，但当事人已经有了交易事实，再强调合同形式就失去了意义。当然，在没有履行行为之前，合同的形式不符合要求，则合同未成立。

这一规定对于建设工程合同具有重要的意义。例如：某施工合同，在施工任务完成后由于发包人拖欠工程款而发生纠纷，但双方一直没有签订书面合同，此时是否应当认定合同已经成立？答案应当是肯定的。又例如：在施工合同履行中，如果工程师发布口头指令，最后没有以书面形式确认，但承包人有证据证明工程师确实发布过口头指令（当然，需要经过一定的程序），一样可以认定口头指令的效力，构成合同的组成部分。

二、合同的内容

合同的内容由当事人约定，这是合同自由的重要体现。《合同法》规定了合同一般应当包括的条款，但具备这些条款不是合同成立的必备条件。建设工程合同也应当包括这些内容，但由于建设工程合同往往比较复杂，合同中的内容往往并不全部在狭义的合同文本中，如有些内容反映在工程量表中，有些内容反映在当事人约定采用的质量标准中。

（一）当事人的名称或者姓名和住所

合同主体包括自然人、法人、其他组织。明确合同主体，对了解合同当事人的基本情况，合同的履行和确定诉讼管辖具有重要的意义。自然人的姓名是指经户籍登记管理机关核准登记的正式用名。自然人的住所是指自然人有长期居住的意愿和事实的处所，即经常居住地。法人、其他组织的名称是指经登记主管机关核准登记的名称，如公司的名称以企业营业执照上的名称为准。法人和其他组织的住所是指它们的主要营业地或者主要办事机构所在地。当然，作为一种国家干预较多的合同，国家对建设工程合同的当事人有一些特殊的要求，如要求施工企业作为承包人时必须具有相应的资质等级。

（二）标的

标的是合同当事人双方权利和义务指向的对象。标的的表现形式为物、劳务、行为、智力成果、工程项目等。没有标的的合同是空的，当事人的权利义务无所依托；标的不明确的合同无法履行，合同也不能成立。所以，标的是合同的首要条款，签订合同时，标的必须明确、具体，必须符合国家法律和行政法规的规定。

（三）数量

数量是衡量合同标的多少的尺度，以数字和计量单位表示。没有数量或数量的规定不明确，当事人双方权利义务的多少，合同是否完全履行都无法确定。数量必须严格按照国家规定的法定计量单位填写，以免当事人产生不同的理解。施工合同中的数量主要体现的是工程量的大小。

（四）质量

质量是标的内在品质和外观形态的综合指标。签订合同时，必须明确质量标准。合同对质量标准的约定应当是准确而具体的，对于技术上较为复杂的和容易引起歧义的词语、标准，应当加以说明和解释。对于强制性的标准，当事人必须执行，合同约定的质量不得低于该强制性标准。对于推荐性的标准，国家鼓励采用。当事人没有约定质量标准，如果有国家标准，则依国家标准执行；如果没有国家标准，则依行业标准执行；没有行业标准，则依地方标准执行；没有地方标准，则依企业标准执行。由于建设工程中的质量标准大多是强制性的质量标准，当事人的约定不能低于这些强制性的标准。

（五）价款或者报酬

价款或者报酬是当事人一方向交付标的的另一方支付的货币。标的物的价款由当事人双方协商，但必须符合国家的物价政策，劳务酬金也是如此。合同条款中应写明有关银行结算和支付方法的条款。价款或者报酬在勘察、设计合同中表现为勘察、设计费，在监理合同中则体现为监理费，在施工合同中则体现为工程款。

（六）履行的期限、地点和方式

履行的期限是当事人各方依照合同规定全面完成各自义务的时间。履行的地点是指当事人交付标的和支付价款或酬金的地点。包括标的的交付、提取地点；服务、劳务或工程项目建设的地点；价款或劳务的结算地点。施工合同的履行地点是工程所在地。履行的方式是指当事人完成合同规定义务的具体方法。包括标的的交付方式和价款或酬金的结算方式。履行的期限、地点和方式是确定合同当事人是否适当履行合同的依据。

（七）违约责任

违约责任是任何一方当事人不履行或者不适当履行合同规定的义务而应当承担的法律责任。当事人可以在合同中约定，一方当事人违反合同时，向另一方当事人支付一定数额的违约金；或者约定违约损害赔偿的计算方法。

（八）解决争议的方法

在合同履行过程中不可避免地会产生争议，为使争议产生后能够有一个双方都能接受的解决办法，应当在合同条款中对此作出规定。如果当事人希望通过仲裁作为解决争议的最终方式，则必须在合同中约定仲裁条款，因为仲裁是以自愿为原则的。

三、合同的示范文本

《合同法》第12条规定：“当事人可以参照各类合同的示范文本订立合同。”合同示范文本是将各类合同的主要条款、式样等制定出规范的、指导性的文本，在全国范围内积极宣传和推广，引导当事人采用示范文本签订合同，以实现合同签订的规范化。我国推行合同示范文本制度已经有10多年了，在1990年国务院办公厅就转发了国家工商行政管理局《关于在全国逐步推行经济合同示范文本制度请示》的通知，随后各类合同示范文本纷纷出台，逐步推行。推行合同示范文本的实践证明，示范文本使当事人订立合同更加认真、更加规范，对于当事人在订立合同时明确各自的权利义务、减少合同约定缺款少项、防止合同纠纷，起到了积极的作用。

在建设工程领域，自1991年起就陆续颁布了一些示范文本。1999年10月1日实施《合同法》后，建设部与国家工商行政管理局联合颁布了《建设工程施工合同（示范文本)》、《建设工程勘察合同（示范文本)》、《建设工程设计合同（示范文本)》、《建设工程委托监理合同（示范文本)》，使这些示范文本更符合市场经济的要求，对完善建设工程合同管理制度起到了极大的推动作用。

第三节　合同的效力

一、合同的生效

（一）合同生效应具备的条件

合同生效是指合同对双方当事人的法律约束力的开始。合同成立后，必须具备相应的法律条件才能生效，否则合同是无效的。合同生效应当具备下列条件。

1. 当事人具有相应的民事权利能力和民事行为能力

订立合同的人必须具备一定的独立表达自己的意思和理解自己的行为的性质和后果的能力，即合同当事人应当具有相应的民事权利能力和民事行为能力。对于自然人而言，民事权利能力人可以订立一切法律允许自然人作为合同主体的合同。法人和其他组织的权利能力就是它们经营、活动范围，民事行为能力则与它们的权利能力相一致。

在建设工程合同中，合同当事人一般都应具有法人资格，并且承包人还应当具备相应的资质等级，否则，当事人就不具有相应的民事权利能力和民事行为能力，订立的建设工程合同无效。

2. 意思表示真实

合同是当事人意思表示一致的结果，因此，当事人的意思表示必须真实。但是，意思表示真实是合同的生效条件而非合同的成立条件。意思表示不真实包括意思与表示不一致、不自由的意思表示两种。含有意思表示不真实的合同是不能取得法律效力的。如建设工程合同的订立，一方采用欺诈、胁迫的手段订立的合同，就是意思表示不真实的合同，这样的合同就欠缺生效的条件。

3. 不违反法律或者社会公共利益

不违反法律或者社会公共利益，是合同有效的重要条件。所谓不违反法律或者社会公共利益，是就合同的目的和内容而言的。合同的目的，是指当事人订立合同的直接内心原因；合同的内容，是指合同中的权利义务及其指向的对象。不违反法律或者社会公共利益，实际是对合同自由的限制。

（二）合同的生效时间

1. 合同生效时间的一般规定

一般说来，依法成立的合同，自成立时生效。具体地讲：口头合同自受要约人承诺时生效；书面合同自当事人双方签字或者盖章时生效；法律规定应当采用书面形式的合同，当事人虽然未采用书面形式但已经履行全部或者主要义务的，可以视为合同有效。合同中有违反法律或社会公共利益的条款的，当事人取消或改正后，不影响合同其他条款的效力。

法律、行政法规规定应当办理批准、登记等手续生效的，依照其规定。

2. 附条件和期限合同的生效时间

当事人可以对合同生效约定附条件或者约定期限。附条件的合同，包括附生效条件的合同和附解除条件的合同两类。附生效条件的合同，自条件成就时生效；附解除条件的合同，自条件成就时失效。当事人为了自己的利益不正当阻止条件成就的，视为条件已经成就；不正当促成条件成就的，视为条件不成就。附生效期限的合同，自期限截止时生效；附终止期限的合同，自期限届满时失效。

附条件合同的成立与生效不是同一时间，合同成立后虽然并未开始履行，但任何一方不得撤销要约和承诺，否则应承担缔约过失责任，赔偿对方因此而受到的损失；合同生效后，当事人双方必须忠实履行合同约定的义务，如果不履行或未正确履行义务，应按违约责任条款的约定追究责任。一方不正当地阻止条件成就，视为合同已生效，同样要追究其违约责任。

（三）合同效力与仲裁条款

合同成立后，合同中的仲裁条款是独立存在的，合同的无效、变更、解除、终止，不影响仲裁协议的效力。如果当事人在施工合同中约定通过仲裁解决争议，不能认为合同无效将导致仲裁条款无效。若因一方的违约行为，另一方按约定的程序终止合同而发生了争议，仍然应当由双方选定的仲裁委员会裁定施工合同是否有效及对争议的处理。

（四）效力待定的合同

有些合同的效力较为复杂，不能直接判断是否生效，而与合同的一些后续行为有关，这类合同即为效力待定的合同。

1. 限制民事行为能力人订立的合同

无民事行为能力人不能订立合同，限制行为能力人一般情况下也不能独立订立合同。限制民事行为能力人订立的合同，经法定代理人追认以后，合同有效。限制民事行为能力人的监护人是其法定代理人。相对人可以催告法定代理人在 1 个月内予以追认，法定代理人未作表示的，视为拒绝追认。合同被追认之前，善意相对人有撤销的权利。撤销应当以通知的方式作出。

2. 无代理权人订立的合同

行为人没有代理权、超越代理权、超越代理权或者代理权终止后以被代理人的名义订立的合同，未经被代理人追认，对被代理人不发生效力，由行为人承担责任。相对人可以催告被代理人在 1 个月内予以追认。被代理人未作表示的，视为拒绝追认。合同被追认之前，善意相对人有撤销的权利。撤销应当以通知的方式作出。行为人没有代理权、超越代理权或者代理权终止后以被代理人的名义订立的合同，相对人有理由相信行为人有代理权的，该代理行为有效。

3. 表见代理人订立的合同

“表见代理”是善意相对人通过被代理人的行为足以相信无权代理人具有代理权的代理。基于此项信赖，该代理行为有效。善意第三人与无权代理人进行交易行为（订立合同），其后果由被代理人承担。表见代理的规定，其目的是保护善意的第三人。在现实生活中，较为常见的表见代理是采购员或者推销员拿着盖有单位公章的空白合同文本，超越授权范围与其他单位订立合同。此时其他单位如果不知采购员或者推销员的授权范围，即为善意第三人。此时订立的合同有效。

表见代理一般应当具备以下条件：（1）表见代理人并未获得被代理人的书面明确授权，是无权代理；（2）客观上存在让相对人相信行为人具备代理权的理由；（3）相对人善意且无过失。

有些情况下，表见代理与无权代理的区分是十分困难的。

4. 法定代表人、负责人越权订立的合同

法人或其他组织的法定代表人、负责人超越权限订立的合同，除相对人知道或应当知道其超越权限以外，该代表行为有效。

5. 无处分权人处分他人财产订立的合同

无处分权人处分他人财产订立的合同，一般情况下是无效的。但是，在下列两种情况下合同有效：（1）无处分权人处分他人财产，经权利人追认，订立的合同有效；（2）无处分权人通知订立合同取得处分权的合同有效。如在房地产开发项目的施工中，施工企业对房地产是没有处分权的，如果施工企业将施工的商品房卖给他人，则该买卖合同无效。但是，如果房地产开发商追认买卖行为，则买卖合同有效；或者事后施工企业与房地产开发商达成该商品房折抵工程款，则该买卖合同也有效。

二、无效合同

（一）无效合同的概念

无效合同是指当事人违反了法律规定的条件而订立的，国家不承认其效力，不给予法律保护的合同。无效合同从订立之时起就没有法律效力，不论合同履行到什么阶段，合同被确认无效后，这种无效的确认要溯及到合同订立时。

在计划经济时期，由于国家对合同的干预较多，合同有效的条件也较多，因此，无效合同的比例较高。新《合同法》颁布之前，在我国的经济合同中，据不完全统计，无效经济合同约占经济合同总量的10% ~15%。这种情况实际上对我国的经济发展带来了相当大的负面影响。新《合同法》适应市场经济发展和国际经济接轨的需要，树立全新的立法观念，以鼓励交易、尊重当事人意思自治为目标，立法上大大缩小无效合同的范围，把无效合同限定在违反法律和行政法规的强制性规定以及损害国家利益和社会公共利益的范围内。

（二）合同无效的情形

1. 无效合同

（1）一方以欺诈、胁迫的手段订立，损害国家利益的合同。

“欺诈”是指一方当事人故意告知对方虚假情况，或者故意隐瞒真实情况，诱使对方当事人作出错误意思表示的行为。如施工企业伪造资质等级证书与发包人签订施工合同。“胁迫”是以给自然人及其亲友的生命健康、荣誉、名誉、财产等造成损害或者以给法人的荣誉、名誉、财产等造成损害为要挟，迫使对方作出违背真实意思表示的行为。如材料供应商以败坏施工企业名誉为要挟，迫使施工企业与其订立材料买卖合同。以欺诈、胁迫的手段订立合同，如果损害国家利益，则合同无效。

（2）恶意串通，损害国家、集体或第三人利益的合同。

这种情况在建设工程领域中较为常见的是投标人串通投标或者招标人与投标人串通，损害国家、集体或第三人利益，投标人、招标人通过这样的方式订立的合同是无效的。

（3）以合法形式掩盖非法目的的合同。

如果合同要达到的目的是非法的，即使其以合法的形式作掩护，也是无效的。如企业之间为了达到借款的非法目的，即使设计了合法的形式也属于无效合同。

（4）损害社会公共利益。

如果合同违反公共秩序和善良风俗（即公序良俗），就损害了社会公共利益，这样的合同也是无效的。例如，施工单位在劳动合同中规定雇员应当接受搜身检查的条款，或者在施工合同的履行中规定以债务人的人身作为担保的约定，都属于无效的合同条款。

（5）违反法律、行政法规的强制性规定的合同。

违反法律、行政法规的强制性规定的合同也是无效的。如建设工程的质量标准是《标准化法》、《建筑法》规定的强制性标准，如果建设工程合同当事人约定的质量标准低于国家标准，则该合同是无效的。

2. 无效合同的免责条款

合同免责条款，是指当事人约定免除或者限制其未来责任的合同条款。当然，并不是所有的免责条款都无效，合同中的下列免责条款无效：

（1）造成对方人身伤害的；

（2）因故意或者重大过失造成对方财产损失的。

上述两种免责条款具有一定的社会危害性，双方即使没有合同关系也可追究对方的侵权责任。因此这两种免责条款无效。

（三）无效合同的确认

无效合同的确认权归人民法院或者仲裁机构，合同当事人或其他任何机构均无权认定合同无效。

（四）无效合同的法律后果

合同被确认无效后，合同规定的权利义务即为无效。履行中的合同应当终止履行，尚未履行的不得继续履行。对因履行无效合同而产生的财产后果应当依法进行处理。

1. 返还财产

由于无效合同自始没有法律约束力，因此，返回财产是处理无效合同的主要方式。合同被确认无效后，当事人依据该合同所取得的财产，应当返还给对方；不能返还的，应当作价补偿，建设工程合同如果无效一般都无法返还财产，因为无论是勘察设计成果还是工程施工，承包人的付出都是无法返还的，因此，一般应当采用作价补偿的方法处理。

2. 赔偿损失

合同被确认无效后，有过错的一方应赔偿对方因此而受到的损失。如果双方都有过错，应当根据过错的大小各自承担相应的责任。

3. 追缴财产，收归国有

双方恶意串通，损害国家或者第三人利益，国家采取强制性措施将双方取得的财产收归国库或者返还第三人。无效合同不影响善意第三人取得的合法权益。

三、可变更或可撤消合同

（一）可变更或可撤销合同的概念和种类

可变更或可撤销的合同，是指欠缺生效条件，但一方当事人可依据自己的意思使合同的内容变更或者使合同的效力归于消灭的合同。如果合同当事人对合同的可变更或可撤销发生争议，只有人民法院或者仲裁机构有权变更或者撤销合同。可变更或可撤销的合同不同于无效合同，当事人提出请求是合同被变更、撤销的前提，人民法院或者仲裁机构不得主动变更或者撤销合同。当事人如果只要求变更，人民法院或者仲裁机构不得撤销其合同。

有下列情形之一的，当事人一方有权请求人民法院或者仲裁机构变更或者撤销其合同。

1. 因重大误解而订立的合同

重大误解是指由于合同当事人一方本身的原因，对合同主要内容发生误解，产生错误认识。由于建设工程合同订立的程序较为复杂，当事人发生重大误解的可能性很小，但在建设工程合同的履行或者变更的具体问题上仍有发生重大误解的可能性。如在工程师发布的指令中，或者建设工程涉及的买卖合同中等。行为人因对行为的性质、对方当事人、标的物的品种、质量、规格和数量等的错误认识，使行为的后果与自己的意思相悖，并造成较大损失时，可以认定为重大误解。当然，这里的重大误解必须是当事人在订立合同时已经发生的误解，如果是合同订立后发生的事实，且一方当事人订立时由于自己的原因而没有预见到，则不属于重大误解。

2. 在订立合同时显失公平的合同

一方当事人利用优势或者利用对方没有经验，致使双方的权利与义务明显违反公平原则的，可以认定为显失公平。最高人民法院的司法解释认为，民间借贷（包括公民与企业之间的借贷）约定的利息高于银行同期同种贷款利率的 4 倍，为显失公平。但在其他方面，显失公平尚无定量的规定。

3. 以欺诈、胁迫等手段或者乘人之危，使对方在违背真实意思的情况下订立的合同

一方以欺诈、胁迫等手段或者乘人之危，使对方在违背真实意思的情况下订立的合同，受损害方有权请求人民法院或者仲裁机构变更或者撤销。

（二）合同撤销权的消灭

由于可撤销的合同只是涉及当事人意思表示不真实的问题，因此法律对撤销权的行使有一定的限制。有下列情形之一的，撤销权消灭：

（1）具有撤销权的当事人自知道或者应当知道撤销事由之日起 1 年内没有行使撤销权；

（2）具有撤销权的当事人知道撤销事由后明确表示或者以自己的行为放弃撤销权。

（三）合同被撤销后的法律后果

合同被撤销后的法律后果与合同无效的法律后果相同，也是返还财产，赔偿损失，追缴财产、收归国有三种。

[例1] 从事家电销售业务的甲到A商场购物，将1套售价为7200元的音响看成1200元1套，该柜台售货员乙因参加工作不久，也将售价看成了1200元1套。于是甲以1200元1套购买了两套。A商场发现问题后找到甲，要求甲支付差价或者退货。问：

(1) 如果音响尚在甲处且完好无损，应当如何处理？为什么？

(2) 如果音响已经由甲销售给丙，且无法找到丙，应当如何处理？为什么？

[解答] (1) 由于乙的销售行为是职务行为，可以代表A商场，因此可以理解为甲和A商场都对这一买卖行为存在重大误解，故这一买卖合同是可变更或者可撤销的合同。因此，如果音响尚在甲处且无好无损，甲应当支付差价（变更合同）或者退货（撤销合同）。

(2) 如果音响已经由甲销售给丙，且无法找到丙，这意味着这一可变更或者可撤销的合同已经给当事人造成损失。有过错一方应当承担赔偿责任，如果是双方共同过错，则应当共同承担赔偿责任。当然，在买卖合同中，对价格的重大误解，卖方（A商场）应当承担主要、甚至全部过错。如果考虑甲是从事家电销售业务的，可以认为其有丰富的经验，也可以要求其承担一定的责任。

四、企业变更对合同效力的影响

（一）当事人名称或者法定代表人变更不对合同效力产生影响

当事人名称或者法定代表人变更不会对合同的效力产生影响。因此，合同生效后，当事人不得因姓名、名称的变更或者法定代表人、负责人、承办人的变动而不履行合同义务。有些单位，因为名称或者法定代表人变更而拒绝承担合同义务，是没有法律依据的。

（二）当事人合并或分立后对合同效力的影响

在现实的市场经济活动中，经常由于资产的优化或重组而产生法人的合并或分立，但不应影响合同的效力。按照《合同法》的规定，订立合同后当事人与其他法人或组织合并，合同的权利和义务由合并后的新法人或组织继承，合同仍然有效。

订立合同后分立的，分立的当事人应及时通知对方，并告知合同权利和义务的继承人，双方可以重新协商合同的履行方式。如果分立方没有告知或分立方的该合同责任归属通过协商对方当事人仍不同意，则合同的权利义务由分立后的法人或组织连带负责，即享有连带债权，承担连带债务。

第四节 合同的履行、变更

一、合同的履行

（一）合同履行的概念

合同履行，是指合同各方当事人按照合同的规定，全面履行各自的义务，实现各自的权利，使各方的目的得以实现的行为。合同依法成立，当事人就应当按照合同的约定，全部履行自己的义务。签订合同的目的在于履行，通过合同的履行而取得某种权益。合同的履行以有效的合同为前提和依据，因为无效合同从订立之时起就没有法律效力，不存在合同履行的问题。合同履行是该合同具有法律约束力的首要表现。建设工程合同的目的也是履行，因此，合同订立后应当严格履行各自的义务。

（二）合同履行的原则

1. 全面履行的原则

当事人应当按照约定全面履行自己的义务。即按合同约定的标的、价款、数量、质量、地点、期限、方式等全面履行各自义务。按照约定履行自己的义务，既包括全面履行义务，也包括正确适当履行合同义务。建设工程合同订立后，双方应当严格履行各自的义务，不按期支付预付款、工程款，不按照约定时间开工、竣工，都是违约行为。

合同有明确约定的，应当依约定履行。但是，合同约定不明确并不意味着合同无须全面履行或约定不明确部分可以不履行。

合同生效后，当事人就质量、价款或者报酬、履行地点等内容没有约定或者约定不明的，可以协议补充。不能达成补充协议的，按照合同有关条款或者交易习惯确定。按照合同有关条款或者交易习惯确定，一般只能适用于部分常见条款欠缺或者不明确的情况，因为只有这些内容才能形成一定的交易习惯。如果按照上述办法仍不能确定合同如何履行的，适用下列规定进行履行：

（1）质量要求不明的，按国家标准、行业标准履行，没有国家、行业标准的，按通常标准或者符合合同目的的特定标准履行。作为建设工程合同中的质量标准，大多是强制性的国家标准，因此，当事人的约定不能低于国家标准。

（2）价款或报酬不明的，按订立合同时履行地的市场价格履行；依法应当执行政府定价或政府指导价的，按规定履行。在建设工程施工合同中，合同履行地不变的，肯定是工程所在地。因此，约定不明确时，应当执行工程所在地的市场价格。

（3）履行地点不明确的，给付货币的，在接收货币一方所在地履行；交付不动产的，在不动产所在地履行；其他标的在履行义务一方所在地履行。

（4）履行期限不明确的，债务人可以随时履行，债权人也可以随时要求履行，但应当给对方必要的准备时间。

（5）履行方式不明确的，按照有利于实现合同目的的方式履行。

（6）履行方式不明确的，负担不明确的，由履行义务一方承担。

合同在履行中既可能是按照市场行情约定价格，也可能执行政府定价或政府指导价。如果是按照市场行情约定价格履行，则市场行情的波动不应影响合同价，合同仍执行原价格。

如果执行政府定价或政府指导价的，在合同约定的交付期限内政府价格调整时，按照交付时的价格计价。逾期交付标的物的，遇价格上涨时按照原价格执行；遇价格下降时，按新价格执行。逾期提取标的物或者逾期付款的，遇价格上涨时，按新价格执行；价格下降时，按原价格执行。

2. 诚实信用原则

当事人应当遵循诚实信用原则，根据合同性质、目的和交易习惯履行通知、协助和保密的义务。当事人首先要保证自己全面履行合同约定的义务，并为对方履行义务创造必要的条件。当事人双方应当关心合同履行情况，发现问题应及时协商解决。一方当事人在履行过程中发生困难，另一方当事人应在法律允许的范围内给予帮助。在合同履行过程中应信守商业道德，保守商业秘密。

（三）合同履行中的抗辩权

抗辩权是指在双务合同的履行中，双方都应当履行自己的债务，一方不履行或者有可能不履行时，另一方可以据此拒绝对方的履行要求。

1. 同时履行抗辩权

当事人互负债务，没有先后履行顺序的，应当同时履行。同时履行抗辩权包括：一方在对方履行之前有权拒绝其履行要求；一方在对方履行债务不符合约定时，有权拒绝其相应的履行要求。如施工合同中期付款时，对承包人施工质量不合格部分，发包人有权拒付该部分的工程款；如果发包人拖欠工程款，则承包人可以放慢施工进度，甚至停止施工。产生的后果，由违约方承担。

同时履行抗辩权的适用条件是：（1）由同一双务合同产生互负的对价给付债务；（2）合同中未约定履行的顺序；（3）对方当事人没有履行债务或者没有正确履行债务；（4）对方的对价给付是可能履行的义务。所谓对价给付是指一方履行的义务和对方履行的义务之间具有互为条件、互为牵连的关系并且在价格上基本相等。

2. 后履行抗辩权

后履行抗辩权也包括两种情况：当事人互负债务，有先后履行顺序的，应当履行的一方未履行的，后履行的一方有权拒绝其对本方的履行要求；应当先履行的一方履行债务不符合规定的，后履行的一方也有权拒绝其相应的履行要求。如材料供应合同按照约定应由供货方先行交付订购的材料后，采购方再行付款结算，若合同履行过程中供货方交付的材料质量不符合约定的标准，采购方有权拒付货款。

后履行抗辩权应满足的条件为：（1）由同一双务合同产生互负的对价给付债务；（2）合同中约定了履行的顺序；（3）应当先履行的合同当事人没有履行债务或者没有正确履行债务；（4）应当先履行的对价给付是可能履行的义务。

3. 先履行抗辩权

先履行抗辩权，又称不安抗辩权，是指合同中约定了履行的顺序，合同成立后发生了应当后履行合同一方财务状况恶化的情况，应当先履行合同一方在对方未履行或者提供担保前有权拒绝先为履行。设立不安抗辩权的目的在于，预防合同成立后情况发生变化而损害合同另一方的利益。

应当先履行合同的一方有确切证据证明对方有下列情形之一的，可以中止履行：

（1）经营状况严重恶化；

（2）转移财产、抽逃资金，以逃避债务的；

（3）丧失商业信誉；

（4）有丧失或者可能丧失履行债务能力的其他情形。

当事人中止履行合同的，应当及时通知对方。对方提供适当的担保时应当恢复履行。中止履行后，对方在合理的期限内未恢复履行能力并且未提供适当的担保，中止履行一方可以解除合同。当事人没有确切证据就中止履行合同的应承担违约责任。

（四）合同不当履行的处理

1. 因债权人致使债务人履行困难的处理

合同生效后，当事人不得因姓名、名称的变更或法定代表人、负责人、承办人的变动而不履行合同义务。债权人分立、合并或者变更住所应当通知债务人。如果没有通知债务人，会使债务人不知向谁履行债务或者不知在何地履行债务，致使履行债务发生困难。出现这些情况，债务人可以中止履行或者将标的物提存。

中止履行是指债务人暂时停止合同的履行或者延期履行合同。提存是指由于债权人的原因致使债务人无法向其交付标的物，债务人可以将标的物交给有关机关保存以此消灭合同的制度。

2. 提前或者部分履行的处理

提前履行是指债务人在合同规定的履行期限到来之前就开始履行自己义务。部分履行是指债务人没有按照合同约定履行全部义务而只履行了自己的一部分义务，提前或者部分履行会给债权人行使权利带来困难或者增加费用。

债权人可以拒绝债务人提前或部分履行债务，由此增加的费用由债务人承担。但不损害债权人利益且债权人同意的情况除外。

3. 合同不当履行中的保全措施

保全措施是指为防止因债务人的财产不当减少而给债权人带来危害时，允许债权人为确保其债权的实现而采取的法律措施。这些措施包括代位权和撤销权两种。

（1）代位权。代位权是指因债务人怠于行使其到期债权，对债权人造成损害，债权人可以向人民法院请求以自己的名义代位行使债务人的债权。但该债权专属于债务人时不能行使代位权。代位权的行使范围以债权人的债权为限，其发生的费用由债务人承担。

（2）撤销权。撤销权是指因债务人放弃其到期债权或者无偿转让财产，对债权人造成损害的，债权人可以请求人民法院撤销债务人的行为。债务人以明显不合理低价转让财产，对债权人造成损害的，并且受让人知道该情形的，债权人可以请求人民法院撤销债务人的行为。

撤销权的行使范围以债权人的债权为限，其发生的费用由债务人承担。撤销权自债权人知道或者应当知道撤销事由之日起1年内行使。自债务人的行为发生之日起5年内没有行使撤销权的，该撤销权消灭。

二、合同的变更

合同变更是指当事人对已经发生法律效力，但尚未履行或者尚未完全履行的合同，进行修改或补充所达成的协议。《合同法》规定，当事人协商一致可以变更合同（我们在这里讲的合同变更是狭义的，仅指合同内容的变更，不包括合同主体的变更）。

合同变更必须针对有效的合同，协商一致是合同变更的必要条件，任何一方都不是擅自变更合同。由于合同签订的特殊性，有些合同需要有关部门的批准或登记，对于此类合同的变更需要重新登记或审批。合同的变更一般不涉及已履行的内容。

有效的合同变更必须要有明确的合同内容的变更。如果当事人对合同的变更约定不明确，视为没有变更。

合同变更后原合同债消灭，产生新的合同债。因此，合同变更后，当事人不得再按原合同履行，而须按变更后的合同履行。

第五节　合同的终止

一、合同终止

合同权利义务的终止也称合同终止，指当事人之间根据合同确定的权利义务在客观上不复存在，据此合同不再对双方具有约束力。合同终止是随着一定法律事实发生而发生的，与合同中止不同之处在于，合同中止只是在法定的特殊情况下，当事人暂时停止履行合同，当这种特殊情况消失以后，当事人仍然承担继续履行的义务；而合同终止是合同关系的消灭，不可能恢复。按照《合同法》的规定，有下列情形之一的，合同的权利义务终止：①债务已经按照约定履行；②合同解除；③债务相互抵销；④债务人依法将标的物提存；⑤债权人免除债务；⑥债权债务同归于一人；⑦法律规定或者当事人约定终止的其他情形。

二、债务已按约定履行

债务已按照约定履行即是债的清偿，是按照合同约定实现债权目的的行为。其含义与履行相同，但履行侧重于合同动态的过程，而清偿则侧重于合同静态的实现结果。

清偿是合同的权利义务终止的最主要和最常见的原因。建设工程合同也不例外，双方当事人按照合同的约定，各自完成了自己的义务、实现了自己的权利，就是清偿。清偿一般由债务人为之，但不以债务人为限，也可能由债务人的代理人或者第三人进行合同的清偿。清偿的标的物一般是合同规定的标的物，但是债权人同意，也可用合同规定的标的物以外的物品来清偿其债务。

三、合同解除

（一）合同解除的概念

合同解除，是指对已经发生法律效力、但尚未履行或者尚未完全履行的合同，因当事人一方的意思表示或者双方的协议而使债权债务关系提前归于消灭的行为。合同解除可分为约定解除和法定解除两类。

合同一经成立即具有法律约束力，任何一方都不得擅自解除合同。但是，当事人在订立合同后，由于主观和客观情况的变化，有时会发生原合同的全部履行或部分履行成为不必要或不可能的情况，需要解除合同，以减少不必要的经济损失或收到更好的经济效益，以有利于稳定和维护正常的社会主义市场经济秩序。因此，在符合法定条件下，允许当事人依照法定程序解除合同。

合同解除后，尚未履行的，终止履行。合同解除可以溯及既往的消灭基于合同的债权债务关系，如果已经履行的，根据履行情况和合同性质，当事人可以请求恢复原状、采取其他补救措施，并有权要求赔偿损失。

（二）约定解除

约定解除是当事人通过行使约定的解除权或者双方协商决定而进行的合同解除。当事人协商一致可以解除合同，即合同的协商解除。当事人也可以约定一方解除合同的条件，解除合同条件成就时，解除权人可以解除合同，即合同约定解除权的解除。

合同的这两种约定解除有很大的不同。合同的协商解除一般是合同已开始履行后进行的约定，且必然导致合同的解除；而合同约定解除权的解除则是合同履行前的约定，它不一定导致合同的真正解除，因为解除合同的条件不一定成就。

（三）法定解除

法定解除是解除条件直接由法律规定的合同解除。当法律规定的解除条件具备时，当事人可以解除合同。它与合同约定解除权的解除都是具备一定解除条件时，由一方行使解除权；区别则在于解除条件的来源不同。

有下列情形之一的，当事人可以解除合同：

（1）因不可抗力致使不能实现合同目的的；

（2）在履行期限届满之前，当事人一方明确表示或者以自己的行为表明不履行主要债务；

（3）当事人一方延迟履行主要债务，经催告后在合同的期限内仍未履行；

（4）当事人一方延迟履行债务或者有其他违法行为，致使不能实现合同目的的；

(5) 法律规定的其他情形。

(四) 合同解除的法律后果

当事人一方依据法定解除的规定主张解除合同的，应当通知对方。合同自通知到达对方时解除。对方有异议的，可以请求人民法院或者仲裁机构确认解除合同的效力。法律、行政法规规定解除合同应当办理批准、登记等手续的，则应当在办理完相应手续后解除。

合同解除后，尚未履行的，终止履行；已经履行的，根据履行情况和合同性质，当事人可以要求恢复原状、采取其他补救措施，并有权要求赔偿损失。合同的权利义务终止，不影响合同中结算和清理条款的效力。

四、债务抵消

债务相互抵销是指两个人彼此互负债务，各以其债权充当债务的清偿，使双方的债务在等额范围内归于消灭。债务抵销可以分为约定债务抵销和法定债务抵销两类。

(一) 法定债务抵销

法定债务抵销是指当事人互负到期债务，该债务标的物的种类、品质相同的，任何一方可以将自己的债务与对方的债务抵销。法定债务抵销的条件是比较严格的，要求必须是互负到期债务，且债务标的物的种类、品质相同。符合这些条件的互负债务，除了法律规定或者合同性质决定不能抵销的以外，当事人都可以互相抵销。

当事人主张抵销的，应当通知对方。通知自到达对方时生效。抵销不得附条件或者附期限。

(二) 约定债务抵销

约定债务抵销是指当事人经协商一致而发生的抵销。约定债务抵销的债务要求不高，标的物的种类、品质可以不相同，但要求当事人必须协商一致。

第六节 违约责任

一、违约责任

违约责任，是指当事人任何一方不履行合同义务或者履行合同义务不符合约定而应当承担的法律责任。违约行为的表现形式包括不履行和不适当履行。不履行是指当事人不能履行或者拒绝履行合同义务。不能履行合同的当事人一般也应承担违约责任。不适当履行则包括不履行以外的其他所有违约情况。当事人一方不履行合同义务，或履行合同义务不符合约定的，应当承担继续履行、采取补救措施或者赔偿损失等违约责任。当事人双方都违反合同的，应各自承担相应的责任。

对于违约产生的后果，并非一定要等到合同义务全部履行后才追究违约方的责任，按照《合同法》的规定，对于预期违约的，当事人也应当承担违约责任。所谓“预期违约”是指在履行期限届满之前，当事人一方明确表示或者以自己的行为表明不履行合同的义务。对方可以在履行期限届满之前要求其承担违约责任。这是《合同法》严格责任原则的重要体现。

违约责任制度，在合同法律制度中具有重要地位。《合同法》对此作了详细的规定。其目的在于用法律强制力督促当事人认真地履行合同，保护当事人的合法权益，维护社会经济秩序。

（一）加强合同当事人履行合同的责任心

违约责任的规定，是运用国家强制力保障合同法律效力最有力的手段。合同订立后，当事人如果不履行或者不完全履行合同，国家的审判机关或仲裁机构就会依法追究其经济责任，并强制违约方向对方支付违约金、赔偿金或承担其他的法律责任。通过这种法制手段，促使合同当事人全面履行合同，避免违约行为的发生。

（二）保护当事人的合法权益

违约责任制度规定，依法追究违约方的经济责任，对违约方进行经济惩罚，以补偿受害方的经济损失，从而使被侵权者的合法权益得到保护，维护社会经济秩序。

（三）预防和减少违反合同现象的发生

对违约责任者以法律制裁，对当事人签订和履行合同的行为有着严厉的警示和制约作用。它要求当事人在签订合同时要严肃认真，既要考虑到所签合同的合法性、真实性，更要注意到履约的可能性，任何一方到期不能履行合同义务，都要承担违约责任，促使当事人慎重签约，减少违反合同现象的发生。

二、承担违约责任的条件和原则

（一）承担违约责任的条件

当事人承担违约责任的条件，是指当事人承担违约责任应当具备的要件。按照《合同法》规定，承担违约责任的条件采用严格责任原则，只要当事人有违约行为，即当事人不履行合同或者履行合同不符合约定的条件，就应当承担违约责任。

严格责任原则还包括，当事人一方因第三人的原因造成违约时，应当向对方承担违约责任。第三方造成的违约行为虽然不是当事人的过错，但客观上导致了违约行为，只要不是不可抗力原因造成的，应属于当事人可能预见的情况。为了严格合同责任，故就签订的合同而言归于当事人应承担的违约责任范围。承担违约责任后，与第三人之间的纠纷再按照法律或当事人与第三人之间的约定解决。如施工过程中，承包人因发包人委托设计单位提供的图纸错误而导致损失后，发包人应首先给承包人以相应损失的补偿，然后再依据设计合同追究设计承包人的违约责任。

当然，违反合同而承担的违约责任，是以合同有效为前提的。无效合同从订立之时起就没有法律效力，所以谈不上违约责任问题。但对部分无效合同中有效条款的不履行，仍应承担违约责任。所以，当事人承担违约责任的前提，必须是违反了有效的合同或合同条款的有效部分。

（二）承担违约责任的原则

《合同法》规定的承担违约责任是以补偿性为原则的。补偿性是指违约责任旨在弥补或者补偿因违约行为造成的损失。对于财产损失的赔偿范围，《合同法》规定，赔偿损失额应当相当于因违约行为所造成的损失，包括合同履行后可获得的利益。

但是，违约责任在有些情况下也具有惩罚性。如合同约定了违约金，违约行为没有造成损失或者损失小于约定的违约金；约定了定金，违约行为没有造成损失或者损失小于约定的定金等。

三、承担违约责任的方式

（一）继续履行

继续履行是指违反合同的当事人不论是否承担了赔偿金或者承担了其他形式的违约责任，都必须根据对方的要求，在自已能够履行的条件下，对合同未履行的部分继续履行。因为订立合同的目的就是通过履行实现当事人的目的，从立法的角度，应当鼓励和要求合同的实际履行。承担赔偿金或者违约金责任不能免除当事人的履约责任。

特别是金钱债务，违约方必须继续履行，因为金钱是一般等价物，没有别的方式可以替代履行。因此，当事人一方未支付价款或者报酬的，对方可以要求其支付价款或者报酬。

当事人一方不履行非金钱债务或者履行非金钱债务不符合约定的，对方也可以要求继续履行。但有下列情形之一的除外：

（1）法律上或者事实上不能履行；

（2）债务的标的不适于强制履行或者履行费用过高；

(3) 债权人在合理期限内未要求履行。

当事人就迟延履行约定违约金的，违约方支付违约金后，还应当履行债务。这也是承担继续履行违约责任的方式。如施工合同中约定了延期竣工的违约金，承包人没有按照约定期限完成施工任务，承包人应当支付延期竣工的违约金，但发包人仍然有权要求承包人继续施工。

(二) 采取补救措施

所谓的补救措施主要是指《民法通则》和《合同法》中所确定的，在当事人违反合同的事实发生后，为防止损失发生或者扩大，而由违反合同一方依照法律规定或者约定采取的修理、更换、重新制作、退货、减少价格或者报酬等措施，以给权利人弥补或者挽回损失的责任形式。采取补救措施的责任形式，主要发生在质量不符合约定的情况下。建设工程合同中，采取补救措施是施工单位承担违约责任常用的方法。

采取补救措施的违约责任，在应用时应把握以下问题：第一，对于质量不合格的违约责任，有约定的，从其约定；没有约定或约定不明的，双方当事人可再协商确定；如果不能通过协商达成违约责任的补充协议的，则按照合同有关条款或者交易习惯确定，以上方法都不能确定违约责任时，可适用《合同法》的规定，即质量要求不明确的，按照国家标准、行业标准履行；没有国家标准、行业标准的，按照通常标准或者符合合同目的的特定标准履行。但是，由于建设工程中的质量标准往往都是强制性的，因此，当事人不能约定低于国家标准、行业标准的质量标准。第二，在确定具体的补救措施时，应根据建设项目性质以及损失的大小，选择适当的补救方式。

(三) 赔偿损失

当事人一方不履行合同义务或者履行合同义务不符合约定的，给对方造成损失的，应当赔偿对方的损失。损失赔偿额应当相当于因违约所造成的损失，包括合同履行后可以获得的利益，但不得超过违反合同一方订立合同时预见或应当预见的因违反合同可能造成的损失。这种方式是承担违约责任的主要方式。因为违约一般都会给当事人造成损失，赔偿损失是守约者避免损失的有效方式。

当事人一方不履行合同义务或履行合同义务不符合约定的，在履行义务或采取补救措施后，对方还有其他损失的，应承担赔偿责任。当事人一方违约后，对方应当采取适当措施防止损失的扩大，没有采取措施致使损失扩大的，不得就扩大的损失请求赔偿，当事人因防止损失扩大而支出的合理费用，由违约方承担。

（四）支付违约金

当事人可以约定一方违约时应当根据违约情况向对方支付一定数额的违约金，也可以约定因违约产生的损失额的赔偿办法。约定违约金低于造成损失的，当事人可以请求人民法院或仲裁机构予以增加；约定违约金过分高于造成损失的，当事人可以请求人民法院或仲裁机构予以适当减少。

违约金与赔偿损失不能同时采用。如果当事人约定了违约金，则应当按照支付违约金承担违约责任。

（五）定金罚则

当事人可以约定一方向对方给付定金作为债权的担保。债务人履行债务后定金应当抵作价款或收回。给付定金的一方不履行约定债务的，无权要求返还定金；收受定金的一方不履行约定债务的，应当双倍返还定金。

当事人既约定违约金，又约定定金的，一方违约时，对方可以选择适用违约金或定金条款。但是，这两种违约责任不能合并使用。

四、不可抗力的责任承担

因不可抗力不能履行合同的，根据不可抗力的影响，部分或全部免除责任。当事人延迟履行后发生的不可抗力，不能免除责任。当事人因不可抗力不能履行合同的，应当及时通知对方，以减轻给对方造成的损失，并应当在合理的期限内提供证明。

当事人可以在合同中约定不可抗力的范围。为了公平的目的，避免当事人滥用不可抗力的免责权，约定不可抗力的范围是必要的。在有些情况下还应当约定不可抗力的风险分担责任。

第七节　争议解决方式

合同争议也称合同纠纷，是指合同当事人对合同规定的权利和义务产生了不同的理解。合同争议的解决方式有和解、调解、仲裁、诉讼四种。在这四种解决争议的方式中，和解和调解的结果没有强制执行的法律效力，要靠当事人的自觉履行。当然，这里所说的和解和调解是狭义的，不包括仲裁和诉讼程序中在仲裁庭和法院的主持下的和解和调解。这两种情况下的和解和调解属于法定程序，其解决方法仍有强制执行的法律效力。

一、和解

和解是指合同纠纷当事人在自愿友好的基础上，互相沟通、互相谅解，从而解决纠纷的一种方式。

合同发生纠纷时，当事人应首先考虑通过和解解决纠纷。事实上，在合同的履行过程中，绝大多数纠纷都可以通过和解解决。合同纠纷和解解决有以下优点：

（1）简便易行，能经济、及时地解决纠纷。

（2）有利于维护合同双方的友好合作关系，使合同能更好地得到履行。

（3）有利于和解协议的执行。

二、调解

调解，是指合同当事人对合同所约定的权利、义务发生争议，不能达成和解协议时，在经济合同管理机关或有关机关、团体等的主持下，通过对当事人进行说服教育，促使双方互相作出适当的让步，平息争端，自愿达成协议，以求解决经济合同纠纷的方法。

合同纠纷的调解往往是当事人经过和解仍不能解决纠纷后采取的方式。因此与和解相比，它面临的纠纷要大一些。与诉讼、仲裁相比，仍具有与和解相似的优点：它能够较经济、较及时地解决纠纷；有利于消除合同当事人的对立情绪，维护双方的长期合作关系。

三、仲裁

仲裁，亦称“公断”，是当事人双方在争议发生前或争议发生后达成协议，自愿将争议交给第三者作出裁决，并负有自动履行义务的一种解决争议的方式。这种争议解决方式必须是自愿的，因此必须有仲裁协议。如果当事人之间有仲裁协议，争议发生后又无法通过和解和调解解决，则应及时将争议提交仲裁机构仲裁。

（一）仲裁的原则

1. 自愿原则

解决合同争议是否选择仲裁方式以及选择仲裁机构本身并无强制力。当事人采用仲裁方式解决纠纷，应当贯彻双方自愿原则，达成仲裁协议。如有一方不同意进行仲裁的，仲裁机构即无权受理合同纠纷。

2. 公平合理原则

仲裁的公平合理，是仲裁制度的生命力所在。这一原则要求仲裁机构要充分收集证据，听取纠纷双方的意见。仲裁应当根据事实。同时，仲裁应当符合法律规定。

3. 仲裁依法独立进行原则

仲裁机构是独立的组织，相互间也无隶属关系。仲裁依法独立进行，不受行政机关、社会团体和个人的干涉。

4. 一裁终局原则

由于仲裁是当事人基于对仲裁机构的信任作出的选择，因此其裁决是立即生效的。裁决作出后，当事人就同一纠纷再申请仲裁或者向人民法院起诉的，仲裁委员会或者人民法院不予受理。

（二）仲裁委员会

仲裁委员会可以在直辖市和省、自治区人民政府所在地的市设立，也可以根据需要在其他设区的市设立，不按行政区划层层设立。

仲裁委员会由主任1人、副主任2至4人和委员7至11人组成。仲裁委员会应当从公道正派的人员中聘任仲裁员。

仲裁委员会独立于行政机关，与行政机关没有隶属关系。仲裁委员会之间也没有隶属关系。

（三）仲裁协议

1. 仲裁协议的内容

仲裁协议是纠纷当事人愿意将纠纷提交仲裁机构仲裁的协议。它应包括以下内容：

（1）请求仲裁的意思表示。

（2）仲裁事项。

（3）选定的仲裁委员会。

在以上3项内容中，选定的仲裁委员会具有特别重要的意义。因为仲裁没有法定管辖，如果当事人不约定明确的仲裁委员会，仲裁将无法操作，仲裁协议将是无效的。至于请求仲裁的意思表示和仲裁事项则可以通过默示的方式来体现。可以认为在合同中选定仲裁委员会就是希望通过仲裁解决争议，同时，合同范围内的争议就是仲裁事项。

2. 仲裁协议的作用

（1）合同当事人均受仲裁协议的约束；

（2）是仲裁机构对纠纷进行仲裁的先决条件；

（3）排除了法院对纠纷的管辖权；

（4）仲裁机构应按仲裁协议进行仲裁。

（四）仲裁庭的组成

仲裁庭的组成有两种方式。

1. 当事人约定由3名仲裁员组成仲裁庭

当事人如果约定由3名仲裁员组成仲裁庭，应当各自选定或者各自委托仲裁委员会主任指定1名仲裁员，第3名仲裁员由当事人共同选定或者共同委托仲裁委员会主任指定。第3名仲裁员是首席仲裁员。

2. 当事人约定由1名仲裁员组成仲裁庭

仲裁庭也可以由1名仲裁员组成。当事人如果约定由1名仲裁员组成仲裁庭的，应当由当事人共同选定或者共同委托仲裁委员会主任指定仲裁员。

（五）开庭和裁决

1. 开庭

仲裁应当开庭进行。当事人协议不开庭的，仲裁庭可以根据仲裁申请书、答辩书以及其他材料作出裁决，仲裁不公开进行。当事人协议公开的，可以公开进行，但涉及国家秘密的除外。

申请人经书面通知，无正当理由不到庭或者未经仲裁庭许可中途退庭的，可以视为撤回仲裁申请。被申请人经书面通知，无正当理由不到庭或者未经仲裁庭许可中途退庭的，可以缺席裁决。

2. 证据

当事人应当对自己的主张提供证据。仲裁庭对专门性问题认为需要鉴定的，可以交由当事人约定的鉴定部门鉴定，也可以由仲裁庭指定的鉴定部门鉴定。根据当事人的请求或者仲裁庭的要求，鉴定部门应当派鉴定人参加开庭。当事人经仲裁庭许可，可以向鉴定人提问。

建设工程合同纠纷往往涉及工程质量、工程造价等专门性的问题，一般需要进行鉴定。

3. 辩论

当事人在仲裁过程中有权进行辩论。辩论终结时，首席仲裁员或者独任仲裁员应当征询当事人的最后意见。

4. 裁决

裁决应当按照多数仲裁员的意见作出，少数仲裁员的不同意见可以记入笔录。仲裁庭不能形成多数意见时，裁决应当按照首席仲裁员的意见作出。

仲裁庭仲裁纠纷时，其中一部分事实已经清楚，可以就该部分先行裁决。

对裁决书中的文字、计算错误或者仲裁庭已经裁决但在裁决书中遗漏的事项，仲裁庭应当补正；当事人自收到裁决书之日起30日内，可以请求仲裁补正。

裁决书自作出之日起产生法律效力。

（六）申请撤销裁决

当事人提出证据证明裁决有下列情形之一的，可以向仲裁委员会所在地的中级人民法院申请撤销裁决：

（1）没有仲裁协议的；

（2）裁决的事项不属于仲裁协议的范围或者仲裁委员会无权仲裁的；

（3）仲裁庭的组成或者仲裁的程序违反法定程序的；

（4）裁决所根据的证据是伪造的；

（5）对方当事人隐瞒了足以影响公正裁决的证据的；

（6）仲裁员在仲裁该案时有索贿受贿，徇私舞弊，枉法裁决行为的。

人民法院经组成合议庭审查核实裁决有前款规定情形之一的，应当裁定撤销。当事人申请撤销裁决的，应当自收到裁决书之日起6个月内提出。人民法院应当在受理撤销裁决申请之日起2个月内作出撤销裁决或者驳回申请的裁定。

人民法院受理撤销裁决的申请后，认为可以由仲裁庭重新仲裁的，通知仲裁庭在一定期限内重新仲裁，并裁定中止撤销程序。仲裁庭拒绝重新仲裁的，人民法院应当裁定恢复撤销程序。

（七）执行

仲裁裁决的执行。仲裁委员会的裁决作出后，当事人应当履行。由于仲裁委员会本身并无强制执行的权力，因此，当一方当事人不履行仲裁裁决时，另一方当事人可以依照《民事诉讼法》的有关规定向人民法院申请执行。接受申请的人民法院应当执行。

四、诉讼

诉讼，是指合同当事人依法请求人民法院行使审判权，审理双方之间发生的合同争议，作出有国家强制保证实现其合法权益、从而解决纠纷的审判活动。合同双方当事人如果未约定仲裁协议，则只能以诉讼作为解决争议的最终方式。

如果当事人没有在合同中约定通过仲裁解决争议，则只能通过诉讼作为解决争议的最终方式。人民法院审理民事案件，依照法律规定实行合议、回避、公开审判和两审终审制度。

（一）建设工程合同纠纷的管辖

建设工程合同纠纷的管辖，既涉及地域管辖，也涉及级别管辖。

1. 级别管辖

级别管辖是指不同级别人民法院受理第一审建设工程合同纠纷的权限分工。一般情况下基层人民法院管辖第一审民事案件。中级人民法院管辖以下案件：重大涉外案件、在本辖区有重大影响的案件、最高人民法院确定由中级人民法院管辖的案件。在建设工程合同纠纷中，判断是否在本辖区有重大影响的依据主要是合同争议的标的额。由于建设工程合同纠纷争议的标的额往往较大，因此往往由中级人民法院受理一审诉讼，有时甚至由高级人民法院受理一审诉讼。

2. 地域管辖

地域管辖是指同级人民法院在受理第一审建设工程合同纠纷的权限分工。对于一般的合同争议，由被告住所地或合同履行地人民法院管辖。《民事诉讼法》也允许合同当事人在书面协议中选择被告住所地、合同履行地、合同签订地、原告住所地、标的物所在地人民法院管辖。对于建设工程合同的纠纷一般都适用不动产所在地的专属管辖，由工程所在地人民法院管辖。

（二）诉讼中的证据

证据有下列几种：

（1）书证；

（2）物证；

（3）视听资料；

（4）证人证言；

（5）当事人的陈述；

（6）鉴定结论；

（7）勘验笔录。

当事人对自己提出的主张，有责任提供证据。当事人及其诉讼代理人因客观原因不能自行收集的证据，或者人民法院认为审理案件需要的证据，人民法院应当调查收集。人民法院应当按照法定程序，全面地、客观地审查核实证据。

证据应当在法庭上出示，并由当事人互相质证。对涉及国家秘密、商业秘密和个人隐私的证据应当保密，需要在法庭出示的，不得在公开开庭时出示。经过法定程序公证证明的法律行为、法律事实和文书，人民法院应当作为认定事实的根据。但有相反证据足以推翻公证证明的除外。书证应当提交原件。物证应当提交原物。提交原件或者原物确有困难的，可以提交复制品、照片、副本、节录本。提交外文书证，必须附有中文译本。

人民法院对视听资料，应当辨别真伪，并结合本案的其他证据，审查确定能否作为认定事实的根据。

人民法院对专门性问题认为需要鉴定的，应当交由法定鉴定部门鉴定；没有法定鉴定部门的，由人民法院指定的鉴定部门鉴定。鉴定部门及其指定的鉴定人有权了解进行鉴定所需要的案件材料，必要时可以询问当事人、证人。鉴定部门和鉴定人应当提出书面鉴定结论，在鉴定书上签名或者盖章。与仲裁中的情况相似，建设工程合同纠纷往往涉及工程质量、工程造价等专门性的问题，在诉讼中一般也需要进行鉴定。

第二章 建筑工程施工合同

第一节 建筑工程施工合同概述

一、建筑工程施工合同的作用

（一）合同确定了工程实施和工程管理的主要目标，是合同双方在工程中进行各种经济活动的主要依据。

（二）合同在工程实施前签订，它确定了工程所要达到的目标以及和目标相关的所有细节问题，合同确定的工程目标主要有三个方面：工期、工程质量、工程项目单价。

（三）合同一经签订，合同双方就形成了一定的经济关系。合同规定了双方在合同实施过程中的经济责任、利益和权利。签订合同，则双方居于一个统一体中，共同完成项目任务，双方的总目标是一致的。但从另一个角度看，双方的利益又是不一致的，主要表现在：

1. 承包商（项目经理部）的目标是，尽可能多地获取工程利润，增加收益，降低成本。

2. 业主的目标是，以尽可能少的费用完成尽可能多的工程任务，并尽可能地提高工程质量。

由于利益的不一致，导致履行合同过程中的利益冲突，造成在工程实施和管理中双方行为的不一致、不协调和矛盾。一方面，合同双方常常都从各自利益出发考虑和分析问题，采取一些策略、手段和措施达到自己的目的；另一方面，合同双方也都可以利用合同保护自己的权益，限制和制约对方。

（四）合同是工程施工过程中的最高行为准则。工程施工过程中的一切活动都是为了履行合同，双方的行为主要靠合同来约束，都必须按合同办事。所以，工程项目管理以合同管理为核心。

（五）承包商（项目经理部）通过对与业主签订的施工合同的分解和委托项目服务，实施对项目的控制。

（六）合同是工程过程中双方解决争执的根据。由于双方利益的不一致，在工程施工过程中发生争执是难免的，可以说，合同和争执有不解之缘。合同争执是经济利益冲突的表现，它常常起因于双方对合同理解的不一致、合同实施环境的变化、有一方未履行或未正确地履行合同等。

合同对争执的解决有两个决定性作用：

1. 争执的判定以合同作为法律依据，即以合同条文判定争执的性质，谁对争执负责，应负什么样的责任等。

2. 争执的解决方式和解决程序由合同规定。

二、建筑工程施工合同的特点

建设工程施工合同是发包人与承包人就完成具体工程项目的建筑施工、设备安装、设备调试、工程保修等工作内容，确定双方权利和义务的协议。施工合同是建设工程合同的 一种，它与其他建设工程合同一样是双务有偿合同，在订立时应遵守自愿、公平、诚实信用等原则。

建设工程施工合同是建设工程的主要合同之一，其标的是将设计图纸变为满足功能、质量、进度、投资等发包人投资预期目的的建筑产品。建设工程施工合同还具有以下特点：

（一）合同标的的特殊性

施工合同的标的是各类建筑产品，建筑产品是不动产，建造过程中往往受到自然条件、地质水文条件、社会条件、人为条件等因素的影响。这就决定了每个施工合同的标的物不同于工厂批量生产的产品，具有单件性的特点。所谓“单件性”是指不同地点建造的相同类型和级别的建筑，施工过程中所遇到的情况不尽相同，在甲工程施工中遇到的困难在乙工程不一定发生，而在乙工程施工中可能出现甲工程没有发生过的问题，相互间具有不可替代性。

（二）合同履行期限的长期性

建筑物的施工由于结构复杂、体积大、建筑材料类型多、工作量大，使得工期都较长（与一般工业产品的生产相比）。在较长的合同期内，双方履行义务往往会受到不可抗力、履行过程中法律法规政策的变化、市场价格的浮动等因素的影响，必然导致合同的内容约定、履行管理都很复杂。

（三）合同内容的复杂性

虽然施工合同的当事人只有两方，但履行过程中涉及的主体却有许多种，内容的约定还需与其他相关合同相协调，如设计合同、供货合同、本工程的其他施工合同等。

三、建设工程施工合同的有关各方

（一）合同当事人

1. 发包人

通用条款规定，发包人指在协议书中约定，具有工程发包主体资格和支付工程价款能力的当事人以及取得该当事人资格的合法继承人。

2. 承包人

通用条款规定，承包人指在协议书中约定，被发包人接受具有工程施工承包主体资格的当事人以及取得该当事人资格的合法继承人。

从以上两个定义可以看出，施工合同签订后，当事人任何一方均不允许转让合同。因为承包人是发包人通过复杂的招标选中的实施者；发包人则是承包人在投标前出于对其信誉和支付能力的信任才参与竞争取得合同。因此，按照诚实信用原则，订立合同后，任何一方都不能将合同转让给第三者。所谓合法继承人是指因资产重组后，合并或分立后的法人或组织可以作为合同的当事人。

（二）工程师

1. 工程师的委派

施工合同示范文本定义的工程师包括监理单位委派的总监理工程师或者发包人指定的履行合同的负责人两种情况。

（1）发包人委托的监理。发包人可以委托监理单位，全部或者部分负责合同的履行管理。监理单位委派的总监理工程师在施工合同中称为工程师。总监理工程师是经监理单位法定代表人授权，派驻施工现场监理组织的总负责人，行使监理合同赋予监理单位的权利和义务，全面负责受委托工程的监理工作。

发包人应当将委托的监理单位名称、工程师的姓名、监理内容及监理权限以书面形式通知承包人。除合同内有明确约定或经发包人同意外，负责监理的工程师无权解除承包人的任何义务。

（2）发包人派驻代表。对于国家未规定实施强制监理的工程施工，发包人也可以派驻代表自行管理。

发包人派驻施工场地履行合同的代表在施工合同中也称工程师。发包人代表是经发包人单位法定代表人授权，派驻施工现场的负责人，其姓名、职务、职责在专用条款内约定，但职责不得与监理单位委派的总监理工程师职责相互交叉。双方职责发生交叉或不明确时，由发包人明确双方职责，并以书面形式通知承包方。

(3) 工程师易人。施工过程中，如果发包人需要撤换工程师，应至少于易人前 7 天以书面形式通知承包人。后任继续履行合同文件的约定及前任的权利和义务，不得更改前任作出的书面承诺。

四、建设行政主管部门及相关部门对施工合同的监督管理

虽然发包人和承包人订立和履行合同属于当事人自主的市场行为，但建筑工程涉及国家和地区国民经济发展计划的实现，与人民生命财产的安全密切相关，因此必须符合法律和法规的有关规定。

(一) 建设行政主管机关对施工合同的监督管理

建设行政主管部门通过对建设活动的监督，主要从质量和安全的角度对工程项目进行管理。主要有以下职责：

1. 颁布规章

依据国家的法律颁布相应的规章，规范建筑市场有关各方的行为。包括推行合同范本制度。

2. 批准工程项目的建设

工程项目的建设，发包人必须履行工程项目报建手续，获取施工许可证，以及取得规划许可和土地使用权的许可。建设项目申请施工许可证应具备以下条件：

(1) 已经办理该建筑工程用地批准手续；

(2) 在城市规划区的建筑工程，已经取得建设工程规划许可证；

(3) 施工场地已经基本具备施工条件，需要拆迁的，其拆迁进度符合施工要求；

(4) 已经确定施工企业。按照规定应该招标的工程没有招标，应该公开招标的工程没有公开招标，或者肢解发包工程，以及将工程发包给不具备相应资质条件的，所确定的施工企业无效；

（5）已满足施工需要的施工图纸及技术资料，施工图设计文件已按规定进行了审查；

（6）有保证工程质量和安全的具体措施。施工企业编制的施工组织设计中有根据建筑工程特点制定的相应质量、安全技术措施，专业性较强的工程项目编制的专项质量、安全施工组织设计，并按照规定办理了工程质量、安全监督手续；

（7）按照规定应该委托监理的工程已委托监理；

（8）建设资金已经落实。建设工期不足一年的，到位资金原则上不得少于工程合同价的50%，建设工期超过1年的，到位资金原则上不得少于工程合同价的30%。建设单位应当提供银行出具的到位资金证明，有条件的可以实行银行付款保函或者其他第三方担保；

（9）法律、行政法规规定的其他条件。

3. 对建设活动实施监督

（1）对招标申请报送材料进行审查；

（2）对中标结果和合同的备案审查；

（3）对工程开工前报送的发包人指定的施工现场总代表人和承包人指定的项目经理的备案材料审查；

（4）竣工验收程序和鉴定报告的备案审查；

（5）竣工的工程资料备案等。

所谓备案是指这些活动由合同当事人在行政法规要求的条件下自主进行，并将报告或资料提交建设行政主管部门，行政主管部门审查未发现存在违法、违规情况，则当事人的行为有效，将其资料存档。如果发现有问题，则要求当事人予以改正。因此备案不同于批准，当事人享有更多的自主权。

（二）质量监督机构对合同履行的监督

工程质量监督机构是接受建设行政主管部门的委托，负责监督工程质量的中介组织。工程招标工作完成后，领取开工证之前，发包人应到工程所在地的质量监督机构办理质量监督登记手续。质量监督机构对合同履行的工作的监督，分为对工程参建各方质量行为的监督和对建设工程的实体质量监督两个方面。

1. 对工程参建各方主体质量行为的监督

（1）对建设单位质量行为的监督。主要包括：

1）工程项目报建审批手续是否齐全；

2）基本建设程序符合有关要求并按规定进行了施工图审查，以及按规定委托监理单位或建设单位自行管理的工程建立工程项目管理机构，配备了相应的专业技术人员；

3）无明示或者暗示勘察、设计单位，监理单位，施工单位违反强制性标准、降低工程质量和迫使承包商任意压缩合理工期等行为；

4）按合同规定，由建设单位采购的建材、构配件和设备必须符合质量要求。

（2）对监理单位质量行为的监督。主要包括：

1）监理的工程项目有监理委托手续及合同，监理人员资格证书与承担的任务相符；

2）工程项目的监理机构专业人员配套，责任制落实；

3）现场监理采取旁站、巡视和平行检验等形式；

4）制订监理规划，并按照监理规划进行监理；

5）按照国家强制性标准或操作工艺对分项工程或工序及时进行验收签认；

6）对现场发现的使用不合格材料、构配件、设备的现象和发生的质量事故，及时督促、配合责任单位调查处理。

（3）对施工单位质量行为的监督。主要包括：

1）所承担的任务与其资质相符，项目经理与中标书中相一致，有施工承包手续及合同；

2）项目经理、技术负责人、质检员等专业技术管理人员配套，并具有相应资格及上岗证书；

3）有经过批准的施工组织设计或施工方案并能贯彻执行；

4）按有关规定进行各种检测，对工程施工中出现的质量事故按有关文件要求及时如实上报和认真处理；

5）无违法分包、转包工程项目的行为。

2. 对建设工程的实体质量的监督

实体质量监督以抽查方式为主，并辅以科学的检测手段。地基基础实体必须经监督检查后方可进行主体结构施工；主体结构实体必须经监督检查后方可进行后续工程施工。

（1）地基及基础工程抽查的主要内容。包括：

1）质量保证及见证取样送检检测资料；

2）分项、分部工程质量或评定资料及隐蔽工程验收记录；

3）地基检测报告和地基验槽记录；

4）抽查基础砌体、混凝土和防水等施工质量。

（2）主体结构工程抽查的主要内容。包括：

1）质量保证及见证取样送检检测资料；

2）分项、分部工程质量评定资料及隐蔽工程验收记录；

3）结构安全重点部位的砌体、混凝土、钢筋施工质量抽查情况和检测；

4）混凝土构件、钢结构构件制作和安装质量。

（3）竣工工程抽查的主要内容。包括；

1）工程质量保证资料及有见证取样检测报告；

2）分项、分部和单位工程质量评定资料和隐蔽工程验收记录；

3）地基基础、主体结构及工程安全检测报告和抽查检测；

4）水、电、暖、通等工程重要部位、使用功能试验资料及使用功能抽查检测记录；

5）工程感观质量。

3. 工程竣工验收的监督

建设工程质量监督机构在工程竣工验收监督时，重点对工程竣工验收的组织形式、验收程序、执行验收规范情况等实行监督。

（三）金融机构对施工合同的管理

金融机构对施工合同的管理，是通过对信贷管理、结算管理、当事人的账户管理进行的。金融机构还有义务协助执行已生效的法律文书，保护当事人的合法权益。

第二节　建筑工程施工合同的主要内容

一、施工总承包合同的主要内容

建设部和国家工商行政管理总局于 1999 年发布了《建设工程施工合同（示范文本）》（GF—1999—0201）（以下简称《示范文本》），这是一种主要适用于施工总承包的合同。该《示范文本》由《协议书》、《通用条款》和《专用条款》三部分组成。

（一）《协议书》内容

1. 工程概况　工程名称；工程地点；工程内容；工程立项批准文号；资金来源。

2. 工程承包范围　承包人承包的工作范围和内容。

3. 合同工期　开工日期；竣工日期；合同工期应填写总日历天数。

4. 质量标准　工程质量必须达到国家标准规定的合格标准，双方也可以约定达到国家标准规定的优良标准。

5. 合同价款　合同价款应填写双方确定的合同金额。

6. 组成合同的文件　合同文件应能相互解释，互为说明。除专用条款另有约定外，组成合同的文件及优先解释顺序如下：

（1）本合同协议书；

（2）中标通知书；

（3）投标书及其附件；

(4) 本合同专用条款；

(5) 本合同通用条款；

(6) 标准、规范及有关技术文件；

(7) 图纸；

(8) 工程量清单；

(9) 工程报价单或预算书。

7. 本协议书中有关词语含义与本合同第二部分《通用条款》中分别赋予它们的定义相同。

8. 承包人向发包人承诺按照合同约定进行施工、竣工并在质量保修期内承担工程质量保修责任。

9. 发包人向承包人承诺按照合同约定的期限和方式支付合同价款及其他应当支付的款项。

10. 合同的生效。

(二)《通用条款》内容

1. 词语定义及合同文件

(1) 词语定义　通用条款；专用条款；发包人；项目经理；设计单位；监理单位；工程师工程造价管理部门；工程；合同价款；追加合同价款；费用；工期；开工日期；竣工日期；图纸；施工场地；书面形式；违约责任；索赔；不可抗力；小时或天。

(2) 合同文件及解释顺序　同本条前文《协议书》内容中的有关说明。

2. 双方一般权利和义务

3. 施工组织设计和工期

4. 质量与检验

5. 安全施工

6. 合同价款与支付

7. 材料设备供应

8. 工程变更

9. 竣工验收与结算

10. 违约、索赔和争议

11. 其他

(三)《专用条款》

1. 《专用条款》谈判依据及注意事项

2. 《专用条款》与《通用条款》是相对应的

3. 《专用条款》具体内容是发包人与承包人协商将工程的具体要求填写在合同文本中

4. 建设工程合同《专用条款》的解释优于《通用条款》

二、工程分包合同的主要内容

(一) 工程分包的概念

工程分包,是相对总承包而言的。所谓工程分包,是指施工总承包企业将所承包建设工程中的专业工程或劳务作业发包给其他建筑企业完成的活动。分包分为专业工程分包和劳务作业分包。

(二) 分包资质管理

《建筑法》第29条和《合同法》第272条同时规定,禁止(总)承包人将工程分包给不具备相应资质条件的单位,这是维护建设市场秩序和保证建设工程质量的需要。

1. 专业承包资质　专业承包序列企业资质设2至3个等级,60个资质类别,其中常用类别有:地基与基础、建筑装饰装修、建筑幕墙、钢结构、机电设备安装、电梯安装、消防设施、建筑防水、防腐保温、园林古建筑、爆破与拆除、电信工程、管道工程等。

2. 劳务分包资质　劳务分包序列企业资质设1至2个等级,13个资质类别,其中常用类别有:木工作业、砌筑作业、抹灰作业、油漆作业、钢筋作业、混凝土作业、脚手架作业、模板作业、焊接作业、水暖电安装作业等。如同时发生多类作业可划分为结构劳务作业、装修劳务作业、综合劳务作业。

(三) 总、分包的连带责任

《建筑法》第29条规定，建筑工程总承包单位按照总承包合同的约定对建设单位负责；分包单位按照分包合同的约定对总承包单位负责。总承包单位和分包单位就分包工程对建设单位承担连带责任。

(四) 关于分包的法律禁止性规定

《建设工程质量管理条例》第25条明确规定，施工单位不得转包或违法分包工程。

1. 违法分包

根据《建设工程质量管理条例》的规定，违法分包指下列行为：

(1) 总承包单位将建设工程分包给不具备相应资质条件的单位，这里包括不具备资质条件和超越自身资质等级承揽业务两类情况；

(2) 建设工程总承包合同中未有约定，又未经建设单位认可，承包单位将其承包的部分建设工程交由其他单位完成的；

(3) 施工总承包单位将建设工程主体结构的施工分包给其他单位的；

(4) 分包单位将其承包的建设工程再分包的。

2. 转包

转包是指承包单位承包建设工程后，不履行合同约定的责任和义务，将其承包的全部建设工程转给他人或者将其承包的全部工程肢解后以分包的名义分别转给他人承包的行为。

3. 挂靠

挂靠是与违法分包和转包密切相关的另一种违法行为。

(1) 转让、出借资质证书或者以其他方式允许他人以本企业名义承揽工程的；

(2) 项目管理机构的项目经理、技术负责人、项目核算负责人、质量管理人员、安全管理人员等不是本单位人员，与本单位无合法的人事或者劳动合同、工资福利以及社会保险关系的；

(3) 建设单位的工程款直接进入项目管理机构财务的。

(五) 建设工程施工专业分包合同示范文本的主要内容

建设部和国家工商行政管理总局于2003年发布了《建设工程施工专业分包合同(示范文本)》(GF—2003—0213)。该文本由《协议书》、《通用条款》、《专用条款》三部分组成。

1.《协议书》内容包括:

(1) 分包工程概况 分包工程名称;分包工程地点;分包工程承包范围;

(2) 分包合同价款;

(3) 工期 开工日期;竣工日期;合同工期总日历天数;

(4) 工程质量标准;

(5) 组成合同的文件包括:本合同协议书;中标通知书(如有时);分包人的报价书;除总包合同工程价款之外的总包合同文件;本合同专用条款;本合同通用条款;本合同工程建设标准、图纸及有关技术文件;合同履行过程中,承包人和分包人协商一致的其他书面文件;

(6) 本协议书中有关词语含义与本合同第二部分《通用条款》中分别赋予它们的定义相同;

(7) 分包人向承包人承诺,按照合同约定的工期和质量标准,完成本协议书第一条约定的工程,并在质量保修期内承担保修责任;

(8) 承包人向分包人承诺,按照合同约定的期限和方式,支付本协议书第二条约定的合同价款,及其他应当支付的款项;

(9) 分包人向承包人承诺,履行总包合同中与分包工程有关的承包人的所有义务,并与承包人承担履行分包工程合同以及确保分包工程质量的连带责任;

(10) 合同的生效。

2.《通用条款》内容包括:

(1) 词语定义及合同文件,包括词语定义,合同文件及解释顺序,语言文字和适用法律、行政法规及工程建设标准，图纸；

（2）双方一般权利和义务，包括承包人的工作和分包人的工作；

（3）工期；

（4）质量与安全，包括质量检查与验收和安全施工；

（5）合同价款与支付，包括合同价款及调整、工程量的确认和合同价款的支付；

（6）工程变更；

（7）竣工验收与结算；

（8）违约、索赔及争议；

（9）保障、保险及担保；

（10）其他，包括材料设备供应、文件、不可抗力、分包合同解除、合同生效与终止、合同价款和补充条款等规定。

3.《专用条款》内容包括：

（1）词语定义及合同文件；

（2）双方一般权利和义务；

（3）工期；

（4）质量与安全；

（5）合同价款与支付；

（6）工程变更；

（7）竣工验收与结算；

（8）违约、索赔及争议；

（9）保障、保险及担保；

（10）其他。

《专用条款》与《通用条款》是相对应的，《专用条款》具体内容是承包人与分包人协商将工程的具体要求填写在合同文本中，建设工程专业分包合同《专用条款》的解释优于《通用条款》。

三、劳务分包合同的主要内容

建设部和国家工商行政管理总局于2003年发布了《建设工程施工劳务分包合同（示范文本）》（GF—2003—0214），其规范了劳务分包合同的主要内容。

（一）劳务分包合同主要条款

劳务分包合同主要包括：劳务分包人资质情况；劳务分包工作对象及提供劳务内容；分包工作期限；质量标准；合同文件及解释顺序；标准规范；总（分）包合同；图纸；项目经理；工程承包人义务；劳务分包人义务；安全施工与检查；安全防护；事故处理；保险；材料、设备供应；劳务报酬；工量及工程量的确认；劳务报酬的中间支付；施工机具、周转材料供应；施工变更；施工验收；施工配合；劳务报酬最终支付；违约责任；索赔；争议；禁止转包或再分包；不可抗力；文物和地下障碍物；合同解除；合同终止；合同价款；补充条款；合同生效。

（二）工程承包人与劳务分包人的义务

1. 工程承包人的义务

（1）组建与工程相适应的项目管理班子，全面履行总（分）包合同，组织实施施工管理的各项工作，对工程的工期和质量向发包人负责。

（2）除非本合同另有约定，工程承包人完成劳务分包人施工前期的下列工作并承担相应费用：向劳务分包人交付具备本合同项下劳务作业开工条件的施工场地；完成水、电、热、电信等施工管线和施工道路，并满足完成本合同劳务作业所需的能源供应、通信及施工道路畅通的时间和质量要求；向劳务分包人提供相应的工程地质和地下管网线路资料；办理下列工作手续：各种证件、批件、规费，但涉及劳务分包人自身的手续除外；向劳务分包人提供相应的水准点与坐标控制点位置；向劳务分包人提供生产、生活临时设施。

（3）负责编制施工组织设计，统一制定各项管理目标，组织编制年、季、月施工计划、物资需用量计划表，实施对工程质量、工期、安全生产、文明施工，计量分析、试验化验的控制、监督、检查和验收。

（4）负责工程测量定位、沉降观测、技术交底，组织图纸会审，统一安排技术档案资料的收集整理及交工验收。

（5）统筹安排、协调解决非劳务分包人独立使用的生产、生活临时设施、工作用水、用电及施工场地。

（6）按时提供图纸，及时交付应供材料、设备，所提供的施工机械设备、周转材料、安全设施保证施工需要。

（7）按本合同约定，向劳务分包人支付劳动报酬。

（8）负责与发包人、监理、设计及有关部门联系，协调现场工作关系。

2. 劳务分包人义务

（1）对本合同劳务分包范围内的工程质量向工程承包人负责，组织具有相应资格证书的熟练工人投入工作；未经工程承包人授权或允许，不得擅自与发包人及有关部门建立工作关系；自觉遵守法律法规及有关规章制度。

（2）劳务分包人根据施工组织设计总进度计划的要求按约定的日期（一般为每月底前若干天）提交下月施工计划，有阶段工期要求的提交阶段施工计划，必要时按工程承包人要求提交旬、周施工计划，以及与完成上述阶段、时段施工计划相应的劳动力安排计划，经工程承包人批准后严格实施。

（3）严格按照设计图纸、施工验收规范、有关技术要求及施工组织设计精心组织施工，确保工程质量达到约定的标准；科学安排作业计划，投入足够的人力、物力，保证工期；加强安全教育，认真执行安全技术规范，严格遵守安全制度，落实安全措施，确保施工安全；

加强现场管理，严格执行建设主管部门及环保、消防、环卫等有关部门对施工现场的管理规定，做到文明施工；承担由于自身责任造成的质量修改、返工、工期拖延、安全事故、现场脏乱造成的损失及各种罚款。

（4）自觉接受工程承包人及有关部门的管理、监督和检查；接受工程承包人随时检查其设备、材料保管、使用情况，及其操作人员的有效证件、持证上岗情况；与现场其他单位协调配合，照顾全局。

（5）按工程承包人统一规划堆放材料、机具，按工程承包人标准化工地要求设置标牌，搞好生活区的管理，做好自身责任区的治安保卫工作。

（6）按时提交报表、完整的原始技术经济资料，配合工程承包人办理交工验收。

（7）做好施工场地周围建筑物、构筑物和地下管线和已完工程部分的成品保护工作，因劳务分包人责任发生损坏，劳务分包人自行承担由此引起的一切经济损失及各种罚款。

（8）妥善保管、合理使用工程承包人提供或租赁给劳务分包人使用的机具、周转材料及其他设施。

（9）劳务分包人须服从工程承包人转发的发包人及工程师的指令。

（10）除非本合同另有约定，劳务分包人应对其作业内容的实施、完工负责，劳务分包人应承担并履行总（分）包合同约定的、与劳务作业有关的所有义务及工作程序。

（三）安全防护及保险

1. 安全防护

（1）劳务分包人在动力设备、输电线路、地下管道、密封防振车间、易燃易爆地段以及临街交通要道附近施工时，施工开始前应向工程承包人提出安全防护措施，经工程承包人认可后实施，防护措施费用由工程承包人承担。

（2）实施爆破作业，在放射、毒害性环境中工作（含储存、运输、使用）及使用毒害性、腐蚀性物品施工时，劳务分包人应在施工前10天以书面形式通知工程承包人，并提出相应的安全防护措施，经工程承包人认可后实施，由工程承包人承担安全防护措施费用。

（3）劳务分包人在施工现场内使用的安全保护用品（如安全帽、安全带及其他保护用品），由劳务分包人提供使用计划，经工程承包人批准后，由工程承包人负责供应。

2. 保险

（1）劳务分包人施工开始前，工程承包人应获得发包人为施工场地内的自有人员及第三方人员生命财产办理的保险，且不需劳务分包人支付保险费用。

（2）运至施工场地用于劳务施工的材料和待安装设备，由工程承包人办理或获得保险，且不需劳务分包人支付保险费用。

（3）工程承包人必须为租赁或提供给劳务分包人使用的施工机械设备办理保险，并支付保险费用。

（4）劳务分包人必须为从事危险作业的职工办理意外伤害保险，并为施工场地内自有人员生命财产和施工机械设备办理保险，支付保险费用。

（5）保险事故发生时，劳务分包人和工程承包人有责任采取必要的措施，防止或减少损失。

（四）劳务报酬

1. 劳务报酬采用以下方式：

（1）固定劳务报酬（含管理费）；

（2）约定不同工种劳务的计时单价（含管理费），按确认的工时计算；

（3）约定不同工作成果的计件单价（含管理费），按确认的工程量计算。

2. 劳务报酬，除本合同约定或法律政策变化，导致劳务价格变化的，均为一次包死，不再调整。

3. 劳务报酬最终支付

（1）全部工作完成，经工程承包人认可后14天内，劳务分包人向工程承包人递交完整的结算资料，双方按照本合同约定的计价方式，进行劳务报酬的最终支付。

（2）工程承包人收到劳务分包人递交的结算资料后14天内进行核实，给予确认或者提出修改意见。工程承包人确认结算资料后14天内向劳务分包人支付劳务报酬尾款。

（3）劳务分包人和工程承包人对劳务报酬结算价款发生争议时，按本合同关于争议的约定处理。

（五）违约责任

1. 当发生下列情况之一时，工程承包人应承担违约责任：

（1）工程承包人违反合同的约定，不按时向劳务分包人支付劳务报酬；

（2）工程承包人不履行或不按约定履行合同义务的其他情况。

2. 工程承包人不按约定核实劳务分包人完成的工程量或不按约定支付劳务报酬或劳务报酬尾款时，应按劳务分包人同期向银行贷款利率向劳务分包人支付拖欠劳务报酬的利息，并按拖欠金额向劳务分包人支付违约金。

3. 工程承包人不履行或不按约定履行合同的其他义务时，应向劳务分包人支付违约金，工程承包人尚应赔偿因其违约给劳务分包人造成的经济损失，顺延延误的劳务分包人工作时间。

4. 当发生下列情况之一时，劳务分包人应承担违约责任：

（1）劳务分包人因自身原因延期交工的；

（2）劳务分包人施工质量不符合本合同约定的质量标准，但能够达到国家规定的最低标准的；

（3）劳务分包人不履行或不按约定履行合同的其他义务时，劳务分包人尚应赔偿因其违约给工程承包人造成的经济损失，延误的劳务分包人工作时间不予顺延。

5. 一方违约后，另一方要求违约方继续履行合同时，违约方承担上述违约责任后仍应继续履行合同。

四、材料采购合同的主要内容

按照《合同法》的分类，材料采购合同属于买卖合同。国内物资购销合同的示范文本规定，合同条款应包括以下几方面内容：

（一）产品名称、商标、型号、生产厂家、订购数量、合同金额、供货时间及每次供应数量；

（二）质量要求的技术标准、供货方对质量负责的条件和期限；

（三）交（提）货地点、方式；

（四）运输方式及到站、港和费用的负担责任；

（五）合理损耗及计算方法；

（六）包装标准、包装物的供应与回收；

（七）验收标准、方法及提出异议的期限；

（八）随机备品、配件工具数量及供应办法；

（九）结算方式及期限；

（十）如需提供担保，另立合同担保书作为合同附件；

（十一）违约责任；

（十二）解决合同争议的方法；

（十三）其他约定事项。

五、设备采购合同的主要内容

大型设备采购合同指采购方（通常为业主，也可能是承包人）与供货方（大多为生产厂家，也可能是供货商）为提供工程项目所需的大型复杂设备而签订的合同。大型设备采购合同的标的物可能是非标准产品，需要专门加工制作，也可能虽为标准产品，但技术复杂市场需求量较小，一般没有现货供应，待双方签订合同后由供货方专门进行加工制作。因此属于承揽合同的范畴。一个较为完备的大型设备采购合同，通常由合同条款和附件组成。

第三节　建筑工程施工总合同的订立要点

一、工期和合同价格

在合同协议书内应明确注明开工日期、竣工日期和合同工期总日历天数。如果是招标选择的承包人，工期总日历天数应为投标书内承包人承诺的天数，不一定是招标文件要求的天数。因为招标文件通常规定本招标工程最长允许的完工时间，而承包人为了竞争，申报的投标工期往往短于招标文件限定的最长工期，此项因素通常也是评标比较的一项内容。因此，在中标通知书中已注明发包人接受的投标工期。

合同内如果有发包人要求分阶段移交的单位工程或部分工程时，在专用条款内还需明确约定中间交工工程的范围和竣工时间。此项约定也是判定承包人是否按合同履行了义务的标准。

二、标准和规范

标准和规范是检验承包人施工应遵循的准则以及判定工程质量是否满足要求的标准。国家规范中的标准是强制性标准，合同约定的标准不得低于强制性标准，但发包人从建筑产品功能要求出发，可以对工程或部分工程部位提出更高的质量要求。在专用条款内必须明确规定本工程及主要部位应达到的质量要求，以及施工过程中需要进行质量检测和试验的时间、试验内容、试验地点和方式等具体约定。

对于采用新技术、新工艺施工的部分，如果国内没有相应标准、规范时，在合同内也应约定对质量检验的方式、检验的内容及应达到的指标要求，否则无从判定施工的质量是否合格。

三、双方责任和义务

（一）发包人的义务

通用条款规定以下工作属于发包人应完成的工作。

1. 办理土地征用、拆迁补偿、平整施工场地等工作，使施工场地具备施工条件，并在开工后继续解决以上事项的遗留问题。专用条款内需要约定施工场地具备施工条件的要求及完成的时间，以便承包人能够及时接收适用的施工现场，按计划开始施工。

2. 将施工所需水、电、电讯线路从施工场地外部接至专用条款约定地点，并保证施工期间需要。专用条款内需要约定三通的时间、地点和供应要求。某些偏僻地域的工程或大型工程，可能要求承包人自己从水源地（如附近的河中取水）或自己用柴油机发电解决施工用电，则也应在专用条件内明确，说明通用条款的此项规定本合同不采用。

3. 开通施工场地与城乡公共道路的通道，以及专用条款约定的施工场地内的主要交通干道，保证施工期间的畅通，满足施工运输的需要。专用条款内需要约定移交给承包人交通通道或设施的开通时间和应满足的要求。

4. 向承包人提供施工场地的工程地质和地下管线资料，保证数据真实，位置准确。专用条款内需要约定向承包人提供工程地质和地下管线资料的时间。

5. 办理施工许可证和临时用地、停水、停电、中断道路交通、爆破作业以及可能损坏道路、管线、电力、通讯等公共设施法律、法规规定的申请批准手续及其他施工所需的证件（证明承包人自身资质的证件除外）。专用条款内需要约定发包人提供施工所需证件、批件的名称和时间，以便承包人合理进行施工组织。

6. 确定水准点与坐标控制点，以书面形式交给承包人，并进行现场交验。专用条款内需要分项明确约定放线依据资料的交验要求，以便合同履行过程中合理地区分放线错误的责任归属。

7. 组织承包人和设计单位进行图纸会审和设计交底。专用条款内需要约定具体的时间。

8. 协调处理施工现场周围地下管线和邻近建筑物、构筑物（包括文物保护建筑）、古树名木的保护工作，并承担有关费用。专用条款内需要约定具体的范围和内容。

9. 发包人应做的其他工作，双方在专用条款内约定。专用条款内需要根据项目的特点和具体情况约定相关的内容。

虽然通用条款内规定上述工作内容属于发包人的义务，但发包人可以将上述部分工作委托承包方办理，具体内容可以在专用条款内规定，其费用由发包人承担。属于合同约定的发包人义务，如果出现不按合同约定完成，导致工期延误或给承包人造成损失时，发包人应赔偿承包人的有关损失，延误的工期相应顺延。

（二）承包人义务

通用条款规定，以下工作属于承包人的义务。

1. 根据发包人的委托，在其设计资质允许的范围内，完成施工图纸设计或与工程配套的设计，经工程师确认后使用，发生的费用由发包人承担。如果属于设计施工总承包合同或筹备工作范围内包括部分施工图设计任务，则专用条款内需要约定承担设计任务单位的设计资质等级及设计文件的提交时间和文件要求（可能属于施工承包人的设计分包人）。

2. 向工程师提供年、季、月工程进度计划及相应进度统计报表。专用条款内需要约定应提供计划、报表的具体名称和时间。

3. 按工程需要提供和维修非夜间施工使用的照明、围栏设施，并负责安全保卫。专用条款内需要约定具体的工作位置和要求。

4. 按专用条款约定的数量和要求，向发包人提供在施工现场办公和生活的房屋及设施，发生的费用由发包人承担。专用条款内需要约定设施名称、要求和完成时间。

5. 遵守有关部门对施工场地交通、施工噪音以及环境保护和安全生产等的管理规定，按管理规定办理有关手续，并以书面形式通知发包人。发包人承担由此发生的费用，因承包人责任造成的罚款除外。专用条款内需要约定承包人办理的有关内容。

6. 已竣工工程未交付发包人之前，承包人按专用条款约定负责已完成工程的成品保护工作，保护期间发生损坏，承包人自费予以修复。要求承包人采取特殊措施保护的单位工程的部位和相应追加合同价款，在专用条款内约定。

7. 按专用条款的约定做好施工现场地下管线和邻近建筑物、构筑物（包括文物保护建筑）、古树名木的保护工作。专用条款内约定需要保护的范围和费用。

8. 保证施工场地清洁符合环境卫生管理的有关规定。交工前清理现场达到专用条款约定的要求，承担因自身原因违反有关规定造成的损失和罚款。专用条款内需要根据施工管理规定和当地的环保法规，约定对施工现场的具体要求。

9. 承包人应做的其他工作，双方在专用条款内约定。承包人不履行上述各项义务，造成发包人损失的，应对发包人的损失给予赔偿。

四、材料和设备的供应

目前很多工程采用包工部分包料承包的合同，主材经常采用由发包人提供的方式。在专用条款中应明确约定发包人提供材料和设备的合同责任。施工合同范本附件提供了标准化的表格格式。

发包人供应材料设备一览表

序号	材料设备品种	规格型号	单位	数量	单价	质量等级	供应时间	送达地点	备注

五、担保和保险

（一）履行合同的担保

合同是否有履约担保不是合同有效的必要条件，按照合同具体约定来执行。如果合同约定有履约担保和预付款担保，则需在专用条款内明确说明担保的种类、担保方式、有效期、担保金额以及担保书的格式。担保合同将作为施工合同的附件。

（二）保险责任

工程保险是转移工程风险的重要手段，如果合同约定有保险的话，在专用条款内应约定投保的险种、保险的内容、办理保险的责任以及保险金额。

六、合同争议的解决方式

发生合同争议时，应按如下程序解决：双方协商和解解决；达不成一致时请第三方调解解决；调解不成，则需通过仲裁或诉讼最终解决。因此在专用条款内需要明确约定双方共同接受的调解人，以及最终解决合同争议是采用仲裁还是诉讼方式、仲裁委员会或法院的名称。

第三章　建筑工程施工合同管理

第一节　合同管理概述

一、合同管理的提出

近十几年来，合同、合同管理和索赔在我国工程管理界，特别是在建筑企业受到普遍重视。其原因是，我国建筑业正面临市场经济和与国际接轨的挑战，具体体现在：

（一）我国经济体制改革的基本目标是建立社会主义市场经济，逐步完善市场经济法规，建立市场经济运行秩序。这表明，今后我国市场经济运行秩序将会逐步好转，建筑市场将逐步法制化、规范化。在这个过程中，合同和合同管理是规范市场行为的主要手段之一。

（二）随着进一步改革开放和我国加入 WTO，我国工程项目管理将逐渐与国际接轨。目前国内的外资项目均已按国际惯例进行管理，如采用FIDIC合同条件，实行严格的合同管理。当前，我国已全面实行建设监理制，按国际惯例，监理工程师的职责就是进行严格的合同管理。不提高合同管理水平，工程中双方整体管理水平就不平衡，承包商（项目经理部）就会处于更加不利的地位。

（三）目前建筑市场过于向买方倾斜，竞争更加激烈，工程合同价格中的利润成分逐渐减少，甚至无利可图，合同风险增大，条件苛刻。承包商如果没有有力的合同管理，则很难实现工程盈利，稍有不慎即会造成工程亏损。因此，市场竞争越激烈，越要重视合同和合同管理。

（四）我国建筑业已面向国际市场，参与国际竞争。但合同管理仍然是我国国际承包工程管理中的最薄弱环节之一。在许多工程中，我国的承包商、业主由于合同和合同管理失误造成了许多损失，有些案例是触目惊心的。所以，我国的建筑企业要想适应市场经济的要求，面向国内国际市场竞争，没有高水平的合同管理是不行的，对此我国的建筑工程管理界已有充分的认识。

二、合同管理的主要内容

（一）对合同履行情况进行监督检查。主要内容有：检查合同法及有关法规的贯彻执行情况，检查合同管理办法及有关规定的贯彻执行情况，检查合同签订及履行情况，减少和避免合同纠纷的发生。

（二）经常对项目经理及有关人员进行合同法及有关法律知识的教育，提高合同管理人员的素质。

（三）建立健全工程项目合同管理制度。包括项目合同归口管理制度、考核制度、合同用章管理制度、合同台账主任制及归档制度。

（四）对合同履行情况进行统计分析。包括工程合同份数、造价、履约率、纠纷次数、违约原因、变更次数及原因等。

第二节 施工阶段的合同管理

一、建设工程合同分析

（一）合同分析的必要性

进行合同分析是基于以下原因：

1. 合同条文繁杂，内涵意义深刻，法律语言不容易理解；

2. 同在一个工程中，往往几份、十几份甚至几十份合同交织在一起，有十分复杂的关系；

3. 合同文件和工程活动的具体要求（如工期、质量、费用等）的衔接处理；

4. 工程小组、项目管理职能人员等所涉及的问题不是合同文件的全部，而仅为合同的部分内容，如何全面理解合同对合同的实施将会产生重大影响；

5. 合同中存在问题和风险，包括合同审查时已经发现的风险和还可能隐藏着的尚未发现的风险；

6. 合同条款的具体落实；

7. 在合同实施过程中，合同双方将会产生的争议。

（二）建设工程合同分析的内容

合同分析在不同的时期，为了不同的目的，有不同的内容。

1. 合同的法律基础

分析订立合同所依据的法律、法规，通过分析，承包人了解适用于合同的法律的基本情况（范围、特点等），用以指导整个合同实施和索赔工作。对合同中明示的法律应重点分析。

2. 承包人的主要任务

（1）明确承包人的总任务，即合同标的。承包人在设计、采购、生产、试验、运输、土建、安装、验收、试生产、缺陷责任期维修等方面的主要责任，施工现场的管理，给发包人的管理人员提供生活和工作条件等责任。

（2）明确合同中的工程量清单、图纸、工程说明、技术规范的定义。工程范围的界限应很清楚，否则会影响工程变更和索赔，特别对固定总价合同。

在合同实施中，如果工程师指令的工程变更属于合同规定的工程范围，则承包人必须无条件执行；如果工程变更超过承包人应承担的风险范围，则可向发包人提出工程变更的补偿要求。

（3）明确工程变更的补偿范围，通常以合同金额一定的百分比表示。通常这个百分比越大，承包人的风险越大。

（4）明确工程变更的索赔有效期，由合同具体规定，一般为 28 天，也有 14 天的。一般这个时间越短，对承包人管理水平的要求越高，对承包人越不利。

3. 发包人责任

（1）发包人雇用工程师并委托他全权履行发包人的合同责任。

（2）发包人和工程师有责任对平行的各承包人和供应商之间的责任界限做出划分，对这方面的争执做出裁决，对他们的工作进行协调，并承担管理和协调失误造成的损失。

（3）及时做出承包人履行合同所必需的决策，如下达指令、履行各种批准手续、做出认可、答复请示，完成各种检查和验收手续等。

（4）提供施工条件，如及时提供设计资料、图纸、施工场地、道路等。

（5）按合同规定及时支付工程款，及时接收已完工程等。

4. 合同价格分析

（1）合同所采用的计价方法及合同价格所包括的范围。

（2）工程计量程序，工程款结算（包括进度付款、竣工结算、最终结算）方法和程序。

（3）合同价格的调整，即费用索赔的条件、价格调整方法，计价依据，索赔有效期规定。

（4）拖欠工程款的合同责任。

5. 施工工期

在实际工程中，工期拖延极为常见和频繁，而且对合同实施和索赔的影响很大，所以应特别重视。

6. 违约责任

如果合同一方未遵守合同规定，造成对方损失，应受到相应的合同处罚。

（1）承包人不能按合同规定工期完成工程的违约金或承担发包人损失的条款；

（2）由于管理上的疏忽造成对方人员和财产损失的赔偿条款；

（3）由于预谋或故意行为造成对方损失的处罚和赔偿条款等；

（4）由于承包人不履行或不能正确地履行合同责任，或出现严重违约时的处理规定；

（5）由于发包人不履行或不能正确地履行合同责任，或出现严重违约时的处理规定，特别是对发包人不及时支付工程款的处理规定。

7. 验收、移交和保修

验收包括许多内容，如材料和机械设备的现场验收、隐蔽工程验收、单项工程验收、全部工程竣工验收等。

在合同分析中，应对重要的验收要求、时间、程序以及验收所带来的法律后果作说明。

竣工验收合格即办理移交。移交作为一个重要的合同事件，同时又是一个重要的法律概念，它表示：

（1）发包人认可并接收工程，承包人工程施工任务的完结；

（2）工程所有权的转让；

（3）承包人工程照管责任的结束和发包人工程照管责任的开始；

（4）保修责任的开始；

（5）合同规定的工程款支付条款有效。

8. 索赔程序和争执的解决

它决定着索赔的解决方法。这里要分析：

（1）索赔的程序；

（2）争执的解决方式和程序；

（3）仲裁条款，包括仲裁所依据的法律、仲裁地点、方式和程序、仲裁结果的约束力等。

二、建设工程合同交底

合同和合同分析的资料是工程实施管理的依据。合同分析后，应由合同管理人员向各层次管理者做“合同交底”，把合同责任具体地落实到各责任人和合同实施的具体工作上。

（一）合同管理人员向项目管理人员和企业各部门相关人员进行“合同交底”，组织大家学习合同和合同总体分析结果，对合同的主要内容做出解释和说明。

（二）将各种合同事件的责任分解落实到各工程小组或分包人。

（三）在合同实施前与其他相关的各方面，如发包人、监理工程师、承包人沟通，召开协调会议，落实各种安排。

（四）在合同实施过程中还必须进行经常性的检查、监督，对合同做解释。

（五）合同责任的完成必须通过其他经济手段来保证。对分包商，主要通过分包合同确定双方的责权利关系，保证分包商能及时地按质按量地完成合同责任。

三、建设工程合同实施的控制

（一）合同控制的作用

1. 通过合同实施情况分析，找出偏离，以便及时采取措施，调整合同实施过程，达到合同总目标。所以合同跟踪是决策的前导工作。

2. 在整个工程过程中，能使项目管理人员一直清楚地了解合同实施情况，对合同实施现状、趋向和结果有一个清醒的认识。

（二）合同控制的依据

1. 合同和合同分析的结果，如各种计划、方案、洽商变更文件等，它们是比较的基础，是合同实施的目标和依据。

2. 各种实际的工程文件，如原始记录，各种工程报表、报告、验收结果、计量结果等。

3. 工程管理人员每天对现场情况的书面记录。

（三）合同控制措施

合同诊断包括如下内容：

1. 分析合同执行差异的原因；

2. 分析合同差异责任；

3. 问题的处理。

对工程问题有如下四类措施：

1. 技术措施；

2. 组织和管理措施；

3. 经济措施；

4. 合同措施。

四、建设工程合同档案管理

（一）合同资料种类

在实际工程中与合同相关的资料面广量大，形式多样，主要有：

1. 合同资料，如各种合同文本、招标文件、投标文件、图纸、技术规范等；

2. 合同分析资料，如合同总体分析、网络图、横道图等；

3. 工程实施中产生的各种资料。如发包人的各种工作指令、签证、信函、会谈纪要和其他协议，各种变更指令、申请、变更记录，各种检查验收报告、鉴定报告；

4. 工程实施中的各种记录、施工日记等，官方的各种文件、批件，反映工程实施情况的各种报表、报告、图片等。

（二）合同资料文档管理的内容

1. 合同资料的收集 合同包括许多资料、文件；合同分析又产生许多分析文件；在合同实施中每天又产生许多资料，如记工单、领料单、图纸、报告、指令、信件等。

2. 资料整理 原始资料必须经过信息加工才能成为可供决策的信息，成为工程报表或报告文件。

3. 资料的归档 所有合同管理中涉及到的资料不仅目前使用，而且必须保存，直到合同结束。为了查找和使用方便必须建立资料的文档系统。

4. 资料的使用 合同管理人员有责任向项目经理、发包人作工程实施情况报告；向各职能人员和各工程小组、分包商提供资料；为工程的各种验收、索赔和反索赔提供资料和证据。

第三节 材料采购合同管理

一、产品交付

（一）产品的交付方式

订购物资或产品的供应方式，可以分为采购方到合同约定地点自提货物和供货方负责将货物送达指定地点两大类，而供货方送货又可细分为将货物负责送抵现场或委托运输部门代运两种形式。为了明确货物的运输责任，应在相应条款内写明所采用的交（提）货方式、交

(接)货物的地点、接货单位(或接货人)的名称。

(二)交货期限

货物的交(提)货期限,是指货物交接的具体时间要求。它不仅关系到合同是否按期履行,还可能会出现货物意外灭失或损坏时的责任承担问题。合同内应对交(提)货期限写明月份或更具体的时间(如旬、日)。如果合同内规定分批交货时,还需注明各批次交货的时间,以便明确责任。

1. 合同履行过程中,判定是否按期交货或提货,依照约定的交(提)货方式的不同,可能有以下几种情况:

(1)供货方送货到现场的交货日期,以采购方接收货物时在货单上签收的日期为准。

(2)供货方负责代运货物,以发货时承运部门签发货单上的戳记日期为准。合同内约定采用代运方式时,供货方必须根据合同规定的交货期、数量、到站、接货人等,按期编制运输作业计划,办理托运、装车(船)、查验等发货手续,并将货运单、合格证等交寄对方,以便采购方在指定车站或码头接货。如果因单证不齐导致采购方无法接货,由此造成的站场存储费和运输罚款等额外支出费用,应由供货方承担。

(3)采购方自提产品,以供货方通知提货的日期为准。但供货方的提货通知中,应给对方合理预留必要的途中时间。采购方如果不能按时提货,应承担逾期提货的违约责任。当供货方早于合同约定日期发出提货通知时,采购方可根据施工的实际需要和仓储保管能力,决定是否按通知的时间提前提货。他有权拒绝提前提货,也可以按通知时间提货后仍按合同规定的交货时间付款。

实际交(提)货日期早于或迟于合同规定的期限,都应视为提前或逾期交(提)货,由有关方承担相应责任。

二、检验与试验

（一）验收依据

按照合同的约定，供货方交付产品时，可以作为双方验收依据的资料包括：

（1）双方签订的采购合同；

（2）供货方提供的发货单、计量单、装箱单及其他有关凭证；

（3）合同内约定的质量标准。应写明执行的标准代号、标准名称；

（4）产品合格证、检验单；

（5）图纸、样品或其他技术证明文件；

（6）双方当事人共同封存的样品。

（二）交货数量检验

1. 供货方代运货物的到货检验

由供货方代运的货物，采购方在站场提货地点应与运输部门共同验货，以便发现灭失、短少、损坏等情况时，能及时分清责任。采购方接收后，运输部门不再负责。属于交运前出现的问题，由供货方负责；运输过程中发生的问题，由运输部门负责。

2. 现场交货的到货检验

（1）数量验收的方法。主要包括：

1）衡量法。即根据各种物资不同的计量单位进行检尺、检斤，以衡量其长度、面积、体积、重量是否与合同约定一致。如胶管衡量其长度；钢板衡量其面积；木材衡量其体积；钢筋衡量其重量等。

2）理论换算法。如管材等各种定尺、倍尺的金属材料，量测其直径和壁厚后，再按理论公式换算验收。换算依据为国家规定标准或合同约定的换算标准。

3）查点法。采购定量包装的计件物资，只要查点到货数量即可。包装内的产品数量或重量应与包装物标明的一致，否则应由厂家或封装单位负责。

（2）交货数量的允许增减范围。合同履行过程中，经常会发生发货数量与实际验收数量不符，或实际交货数量与合同约定的交货数量不符的情况。其原因可能是供货方的责任，也可能是运输部门的责任，或运输过程中的合理损耗。前两种情况要追究有关方的责任。第三种情况则应控制在合理的范围之内。有关行政主管部门对通用的物资和材料规定了货物交接过程中允许的合理磅差和尾差界限，如果合同约定供应的货物无规定可循，也应在条款内约定合理的差额界限，以免交接验收时发生合同争议。交付货物的数量在合理的尾差和磅差内，不按多交或少交对待，双方互不退补。超过界限范围时，按合同约定的方法计算多交或少交部分的数量。

合同内对磅差和尾差规定出合理的界限范围，既可以划清责任，还可为供货方合理组织发运提供灵活变通的条件。如果超过合理范围，则按实际交货数量计算。不足部分由供货方补齐或退回不足部分的货款；采购方同意接受的多交付部分，进一步支付溢出数量货物的货款。但在计算多交或少交数量时，应按订购数量与实际交货数量比较，均不再考虑合理磅差和尾差因素。

（三）交货质量检验

1. 质量责任

不论采用何种交接方式，采购方均应在合同规定的由供货方对质量负责的条件和期限内，对交付产品进行验收和试验。某些必须安装运转后才能发现内在质量缺陷的设备，应于合同内规定缺陷责任期或保修期。在此期限内，凡检测不合格的物资或设备，均由供货方负责。如果采购方在规定时间内未提出质量异议，或因其使用、保管、保养不善而造成质量下降，供货方不再负责。

2. 质量要求和技术标准

产品质量应满足规定用途的特性指标，因此合同内必须约定产品应达到的质量标准。约定质量标准的一般原则是：

（1）按颁布的国家标准执行；

（2）无国家标准而有部颁标准的产品，按部颁标准执行；

（3）没有国家标准和部颁标准作为依据时，可按企业标准执行；

（4）没有上述标准，或虽有上述某一标准但采购方有特殊要求时，按双方在合同中商定的技术条件、样品或补充的技术要求执行。

3. 验收方法

合同内应具体写明检验的内容和手段，以及检测应达到的质量标准。对于抽样检查的产品，还应约定抽检的比例和取样的方法，以及双方共同认可的检测单位。质量验收的方法可以采用：

（1）经验鉴别法。即通过目测、手触或以常用的检测工具量测后，判定质量是否符合要求。

（2）物理试验。根据对产品的性能检验目的，可以进行拉伸试验、压缩试验、冲击试验、金相试验及硬度试验等。

（3）化学试验。即抽出一部分样品进行定性分析或定量分析的化学试验，以确定其内在质量。

4. 对产品提出异议的时间和办法

合同内应具体写明采购方对不合格产品提出异议的时间和拒付货款的条件。采购方提出的书面异议中，应说明检验情况，出具检验证明和对不符合规定产品提出具体处理意见。凡因采购方使用、保管、保养不善原因导致的质量下降，供货方不承担责任。在接到采购方的书面异议通知后，供货方应在10天内（或合同商定的时间内）负责处理，否则即视为默认采购方提出的异议和处理意见。

如果当事人双方对产品的质量检测、试验结果发生争议，应按《标准化法》的规定，请标准化管理部门的质量监督检验机构进行仲裁检验。

三、合同的变更与解除

合同履行过程中，如需变更合同内容或解除合同，都必须依据《合同法》的有关规定执行。一方当事人要求变更或解除合同时，在未达成新的协议前，原合同仍然有效。要求变更或解除合同一方应及时将自己的意图通知对方，对方也应在接到书面通知后的 15 天或合同约定的时间内予以答复，逾期不答复的视为默认。

物资采购合同变更的内容可能涉及订购数量的增减、包装物标准的改变、交货时间和地点的变更等方面。采购方对合同内约定的订购数量不得少要或不要，否则要承担中途退货的责任。只有当供货方不能按期交付货物，或交付的货物存在严重质量问题而影响工程使用时，采购方认为继续履行合同已成为不必要，才可以拒收货物，甚至解除合同关系。如果采购方要求变更到货地点或接货人，应在合同规定的交货期限届满前 40 天通知供货方，以便供货方修改发运计划和组织运输工具。迟于上述规定期限，双方应当立即协商处理。如果已不可能变更或变更后会发生额外费用支出，其后果均应由采购方负责。

四、支付结算管理

（一）货款结算

1. 支付货款的条件

合同内需明确是验单付款还是验货后付款，然后再约定结算方式和结算时间。验单付款是指委托供货方代运的货物，供货方把货物交付承运部门并将运输单证寄给采购方，采购方在收到单证后合同约定的期限内即应支付的结算方式。尤其对分批交货的物资，每批交付后应在多少天内支付货款也应明确注明。

2. 结算支付的方式

结算方式可以是现金支付、转账结算或异地托收承付。现金结算只适用于成交货物数量少，且金额小的购销合同；转账结算适用于同城市或同地区内的结算；托收承付适用于合同双方不在同一城市的结算方式。

（二）拒付货款

采购方拒付货款，应当按照中国人民银行结算办法的拒付规定办理。采用托收承付结算时，如果采购方的拒付手续超过承付期，银行不予受理。采购方对拒付货款的产品必须负责接收，并妥为保管不准动用。如果发现动用，由银行代供货方扣收货款，并按逾期付款对待。

采购方有权部分或全部拒付货款的情况大致包括：

（1）交付货物的数量少于合同约定，拒付少交部分的货款；

（2）拒付质量不符合合同要求部分货物的货款；

（3）供货方交付的货物多于合同规定的数量且采购方不同意接收部分的货物，在承付期内可以拒付。

五、违约责任

（一）违约金的规定

当事人任何一方不能正确履行合同义务时，均应以违约金的形式承担违约赔偿责任。双方应通过协商，将具体采用的比例数写在合同条款内。

（二）供货方的违约责任

1. 未能按合同约定交付货物

这类违约行为可能包括不能供货和不能按期供货两种情况，由于这两种错误行为给对方造成的损失不同，因此承担违约责任的形式也不完全一样。

（1）如果因供货方的原因导致不能全部或部分交货，应按合同约定的违约金比例乘以不能交货部分货款计算违约金。若违约金不足以偿付采购方所受到的实际损失时，可以修改违约金的计算方法，使实际受到的损害能够得到合理的补偿。如施工承包人为了避免停工待料，不得不以较高价格紧急采购不能供应部分的货物而受到的价差损失等。

(2) 供货方不能按期交货的行为，又可以进一步区分为逾期交货和提前交货两种情况：

1) 逾期交货。不论合同内规定由他将货物送达指定地点交接，还是采购方去自提，均要按合同约定依据逾期交货部分货款总价计算违约金。对约定由采购方自提货物而不能按期交付时，若发生采购方的其他额外损失，这笔实际开支的费用也应由供货方承担。如采购方已按期派车到指定地点接收货物，而供货方又不能交付时，则派车损失应由供货方支付费用。发生逾期交货事件后，供货方还应在发货前与采购方就发货的有关事宜进行协商。采购方仍需要时，可继续发货照数补齐，并承担逾期交货责任；如果采购方认为已不再需要，有权在接到发货协商通知后的 15 天内，通知供货方办理解除合同手续。但逾期不予答复视为同意供货方继续发货。

2) 提前交付货物。属于约定由采购方自提货物的合同，采购方接到对方发出的提前提货通知后，可以根据自己的实际情况拒绝提前提货；对于供货方提前发运或交付的货物，采购方仍可按合同规定的时间付款，而且对多交货部分，以及品种、型号、规格、质量等不符合合同规定的产品，在代为保管期内实际支出的保管、保养等费用由供货方承担。代为保管期内，不是因采购方保管不善原因而导致的损失，仍由供货方负责。

(3) 交货数量与合同不符。交付的数量多于合同规定，且采购方不同意接受时，可在承付期内拒付多交部分的货款和运杂费。合同双方在同一城市，采购方可以拒收多交部分；双方不在同一城市，采购方应先把货物接收下来并负责保管，然后将详细情况的处理意见在到货后的 10 天内通知对方。当交付的数量少于合同规定时，采购方凭有关的合法证明在承付期内可以拒付少交部分的货款，也应在到货后的

10 天内将详情和处理意见通知对方。供货方接到通知后应在 10 天内答复，否则视为同意对方的处理意见。

2. 产品的质量缺陷

交付货物的品种、型号、规格、质量不符合合同规定，如果采购方同意使用，应当按质论价；当采购方不同意使用时，由供货方负责包换或包修。不能修理或调换的产品，按供货方不能交货对待。

3. 供货方的运输责任

主要涉及包装责任和发运责任两个方面。

（1）合理的包装是安全运输的保障，供货方应按合同约定的标准对产品进行包装。凡因包装不符合规定而造成货物运输过程中的损坏或灭失，均由供货方负责赔偿。

（2）供货方如果将货物错发到货地点或接货人时，除应负责运交合同规定的到货地点或接货人外，还应承担对方因此多支付的一切实际费用和逾期交货的违约金。供货方应按合同约定的路线和运输工具发运货物，如果未经对方同意私自变更运输工具或路线，要承担由此增加的费用。

（三）采购方的违约责任

1. 不按合同约定接受货物

合同签订以后或履行过程中，采购方要求中途退货，应向供货方支付按退货部分货款总额计算的违约金。对于实行供货方送货或代运的物资，采购方违反合同规定拒绝接货，要承担由此造成的货物损失和运输部门的罚款。约定为自提的产品，采购方不能按期提货，除需支付按逾期提货部分货款总值计算延期付款的违约金之外，还应承担逾期提货时间内供货方实际发生的代为保管、保养费用。逾期提货，可能是未按合同约定的日期提货；也可能是已同意供货方逾期交付货物，而接到提货通知后未在合同规定的时限内去提货两种情况。

2. 逾期付款

采购方逾期付款，应按照合同内约定的计算办法，支付逾期付款利息。按照中国人民银行有关延期付款的规定，延期付款利率一般按每天万分之五计算。

3. 货物交接地点错误的责任

不论是由于采购方在合同内错填到货地点或接货人，还是未在合同约定的时限内及时将变更的到货地点或接货人通知对方，导致供货方送货或代运过程中不能顺利交接货物，所产生的后果均由采购方承担。责任范围包括，自行运到所需地点或承担供货方及运输部门按采购方要求改变交货地点的一切额外支出。

第四节　设备采购合同管理

一、承包的工作范围

大型复杂设备的采购在合同内约定的供货方承包范围可能包括：

（1）按照采购方的要求对生产厂家定型设计图纸的局部修改；

（2）设备制造；

（3）提供配套的辅助设备；

（4）设备运输；

（5）设备安装（或指导安装）；

（6）设备调试和检验；

（7）提供备品、备件；

（8）对采购方运行的管理和操作人员的技术培训等。

二、合同价格与支付

（一）合同价格

设备采购合同通常采用固定总价合同，在合同交货期内为不变价格。合同价内包括合同设备（含备品备件、专用工具）、技术资料、技术服务等费用，还包括合同设备的税费、运杂费、保险费等与合同有关的其他费用。

（二）付款

支付的条件、支付的时间和费用内容应在合同内具体约定。目前大型设备采购合同较多采用如下的程序。

1. 支付条件

合同生效后，供货方提交金额为约定的合同设备价格某一百分比不可撤销的履约保函，作为采购方支付合同款的先决条件。

2. 支付程序

（1）合同设备款的支付。订购的合同设备价格分3次支付：

1）设备制造前供货方提交履约保函和金额为合同设备价格10%的商业发票后，采购方支付合同设备价格的10%作为预付款。

2）供货方按交货顺序在规定的时间内将每批设备（部组件）运到交货地点，并将该批设备的商业发票、清单、质量检验合格证明、货运提单提供给采购方，支付该批设备价格的80%。

3）剩余合同设备价格的10%作为设备保证金，待每套设备保证期满没有问题，采购方签发设备最终验收证书后支付。

（2）技术服务费的支付。合同约定的技术服务费分2次支付：

1）第一批设备交货后，采购方支付给供货方该套合同设备技术服务费的30%。

2）每套合同设备通过该套机组性能验收试验，初步验收证书签署后，采购方支付该套合同设备技术服务费的70%。

（3）运杂费的支付。运杂费在设备交货时由供货方分批向采购方结算，结算总额为合同规定的运杂费。

3. 采购方的支付责任

付款时间以采购方银行承付日期为实际支付日期，若此日期晚于规定的付款日期，即从规定的日期开始，按合同约定计算迟付款违约金。

三、违约责任

为了保证合同双方的合法权益，虽然在前述条款中已说明责任的划分，如修理、置换、补足短少部件等规定，但还应在合同内约定承担违约责任的条件、违约金的计算办法和违约金的最高赔偿限额。违约金通常包括以下几方面内容。

（一）供货方的违约责任

1. 延误责任的违约金

（1）设备延误到货的违约金计算办法；

（2）未能按合同规定时间交付严重影响施工的关键技术资料的违约金的计算办法；

（3）因技术服务的延误、疏忽或错误导致工程延误违约金的计算办法。

2. 质量责任的违约金

经过 2 次性能试验后，一项或多项性能指标仍达不到保证指标时，各项具体性能指标违约金的计算办法。

3. 由于供货方责任采购方人员的返工费

如果供货方委托采购方施工人员进行加工、修理、更换设备，或由于供货方设计图纸错误以及因供货方技术服务人员的指导错误造成返工，供货方应承担因此所发生合理费用的责任。向采购方支付的费用可按发生时的费率水平用如下公式计算：

$$P = ah + M + cm$$

其中：P——总费用（元）；

a——人工费（元/h · 人）；

h——人员工时（h · 人）；

M——材料费（元）；

c——机械台班数（台·班）；

m——每台机械设备的台班费（元/台·班）。

4. 不能供货的违约金

合同履行过程中，如果因供货方原因不能交货，按不能交货部分设备约定价格的某一百分比计算违约金。

（二）采购方的违约责任

1. 延期付款违约金的计算办法。

2. 延期付款利息的计算办法。

3. 如果采购方中途要求退货，按退货部分设备约定价格的某一百分比计算违约金。在违约责任条款内还应分别列明任何一方严重违约时，对方可以单方面终止合同的条件、终止程序和后果责任。

第五节　分包工程合同管理

一、订立分包合同阶段的管理

（一）分包合同的特点

分包合同是承包商将主合同内对业主承担义务的部分工作交给分包商实施，双方约定相互之间的权利义务的合同。分包工程既是主合同的一部分，又是承包商与分包商签订合同的标的物，但分包商完成这部分工作的过程中仅对承包商承担责任。由于分包工程同时存在于主从两个合同内的特点，承包商又居于两个合同当事人的特殊地位，因此承包商会将主合同中对分包工程承担的风险合理地转移分包商。

（二）分包合同的订立

承包商采用邀请招标或议标的方式与分包商签订分包合同。

1. 分包工程的合同价格

承包商采用邀请招标或议标方式选择分包商时，通常要求对方就分包工程进行报价，然后与其协商而形成合同。分包合同的价格应为承包商发出“中标通知书”中接受的价格。由于承包商在分包合同履行过程中负有对分包商的施工进行监督、管理、协调责任。应收取相应的分包管理费，并非将主合同中该部分工程的价格都转付给分包商，因此分包合同的价格不一定等于主合同中所约定的该部分工程价格。

2. 分包商应充分了解主合同对分包工程规定的义务

签订合同过程中，为了能让分包商合理预计分包工程施工中可能承担的风险，以及分包工程的施工能够满足主合同要求顺利进行，应使分包商充分了解承担的义务。承包商除了提供分包工程范围内的合同条件、图纸、技术规范和工程量清单外，还应提供主合同的投标书附录、专用条件的副本及通用条件中任何不同于标准化范本条款规定的细节。承包商应允许分包商查阅主合同，或应分包商要求提供一份主合同副本。但以上允许查阅和提供的文件中，不包括主合同中的工程量清单及承包商的报价细节。因为在主合同中分包工程的价格是承包商合理预计风险后，在自己的施工组织方案基础上对业主进行的报价，而分包商则应根据对分包合同的理解向承包商报价。

（三）划分分包合同责任的基本原则

为了保护当事人双方的合法权益，分包合同通用条件中明确规定了双方履行合同中应遵循的基本原则。

1. 保护承包商的合法权益不受损害

（1）分包商应承担并履行与分包工程有关的主合同规定承包商的所有义务和责任，保障承包商免于承担由于分包商的违约行为，业主根据主合同要求承包商负责的损害赔偿或任何第三方的索赔。如果发生此类情况，承包商可以从应付给分包商的款项中扣除这笔金额，且不排除采用其他方法弥补所受到的损失。

（2）不论是承包商选择的分包商，还是业主选定的指定分包商，均不允许与业主有任何私下约定。

（3）为了约束分包商忠实履行合同义务，承包商可以要求分包商提供相应的履约保函。在工程师颁发缺陷责任证书后的28天内，将保函退还分包商。

(4) 没有征得承包商同意，分包商不得将任何部分转让或分包出去。但分包合同条件也明确规定，属于提供劳务和按合同规定打分标准采购材料的分包行为，可以不经过承包商批准。

2. 保护分包商合法权益的规定

(1) 任何不应由分包商承担责任事件导致竣工期限延长、施工成本增加和修复缺陷的费用，均应由承包商给予补偿。

(2) 承包商应保障分包商免于承担非分包商责任引起的索赔、诉讼或损害赔偿，保障程度应与业主按主合同保障承包商的程度相类似(但不超过此程度)。

二、分包合同的履行管理

(一) 分包合同的管理关系

分包工程的施工涉及到两个合同，因此比主合同的管理复杂。

1. 业主对分包合同的管理

业主不是分包合同的当事人，对分包合同权利义务如何约定也不参与意见，与分包商没有任何合同关系。但作为工程项目的投资方和施工合同的当事人，他对分包合同的管理主要表现为对分包工程的批准。

2. 工程师对分包合同的管理

工程师仅与承包商建立监理的关系，对分包商在现场的施工不承担协调管理义务。只是依据主合同对分包工作内容及分包商的资质进行审查，行使确认权或否定权；对分包商使用的材料、施工工艺、工程质量进行监督管理。为了准确地区分合同责任，工程师就分包工程施工发布的任何批示均应发给承包商。分包合同内明确规定，分包商接到工程师的批示后不能立即执行，需得到承包商同意才可实施。

3. 承包商对分包合同的管理

承包商作为两个合同的当事人，不仅对业主承担整个合同工程按预期目标实现的义务，而且对分包工程的实施负有全面管理责任。承包商需委派代表对分包商的施工进行监督、管理和协调，承担如同主合同履行过程中工程师的职责。承包商的管理工作主要通过发布一系列批示实现。接到工程师就分包工程发布的批示后，应将其要求列入自己的管理工作内容，并及时以书面确认的形式转发给分包商令其遵照执行。也可以根据现场的实际情况自主地发布有关的协调、管理指令。

（二）分包工程的支付管理

分包合同履行过程中的施工进度和质量管理的内容与施工合同管理基本一致，但支付管理由于涉及两个合同的管理，与施工合同不尽相同。无论是施工期内的阶段支付，还是竣工后的结算支付，承包商都要进行两个合同的支付管理。

1. 分包合同的支付程序

分包商在合同约定的日期，向承包商报送该阶段施工的支付报表。承包商代表经过审核后，将其列入主合同的支付报表内一并提交工程师批准。承包商应在分包合同约定的时间内支付分包工程款，逾期支付计算拖期利息。

2. 承包商代表对支付报表的审查

接到分包商的支付报表后，承包商代表首先对照分包合同工程量清单中的工作项目、单价或价格复核取费的合理性和计算的正确性，并依据分包合同的约定扣除预付款、保留金、对分包施工支援的实际应收项、分包管理费等后，核准该阶段应付给分包商的金额。然后，再将分包工程完成工作的项目内容及工程量，按主合同工程量清单中的取费标准计算，填入到向工程师报送的支付报表内。

3. 承包商不承担逾期付款责任的情况

如果属于工程师不认可分包商报表中的某些款项，业主拖延支付给承包商经过工程师签证后的应付款，分包商与承包商或与业主之间因涉及工程量或报表中某些支付要求发生争议三种情况，承包商代表在应付款日之前及时将扣发或缓发分包工程款的理由通知分包商，则不承担逾期付款责任。

（三）分包工程变更管理

承包商代表接到工程依据主合同发布的涉及分包工程变更指令后，以书面确认方式通知分包商，也有权根据工程的实际进展情况自主发布有关变更指令。

分包商执行了工程师发布的变更指令，进行变更工程量计量及对变更工程进行估价时应请分包商参加，以便合理确定分包商应获得的补偿款额和工期延长时间。承包商依据分包合同单独发布的指令大多与主合同没有关系，通常属增加或减少分包合同规定的部分工作内容，为了整个合同工程的顺利实施，改变分包商原定的施工方法、作业次序或时间等。若变更指令的起因不属于分包商的责任，承包商应给分包商相应的费用补偿和分包合同工期的顺延。如果工期不能顺延，则要考虑赶工措施费用。进行变更工程估价时，应参考分包合同工程量表中相同或类似工作的费率来核定。如果没有可参考项目或表中的价格不适用于变更工程时，应通过协调确定一个公平合理的费用加到分包合同价格内。

（四）分包合同的索赔管理

分包合同履行过程中，当分包商认为自己的合法权益受到损害，不论事件起因于业主或工程师的责任，还是承包商应承担的义务，他都只能向承包商提出索赔要求，并保持影响事件发生的现场同期记录。

1. 应由业主承担责任的索赔事件

分包商向承包商提出索赔要求后，承包商应首先分析事件的起因和影响，并依据两个合同判明责任。如果认为分包商的索赔要求合理，且原因属于主合同约定应由业主承担风险责任或行为责任的事件，要及时按照主合同规定的索赔程序，以承包商的名义就该事件向工程师递交索赔报告。承包商应定期将该阶段为此项索赔所采取的步骤和进展情况通报分包商。这类事件可能是：

（1）应由业主承担风险的事件，如施工中遇到了不利的外界障碍、施工图纸有错误等；

（2）业主的违约行为，如拖延支付工程款等；

（3）工程师的失职行为，如发布错误的指令、协调管理不力导致对分包工程施工的干扰等；

（4）执行工程师指令后对补偿不满意，如对变更工程的估价认为过少等。

当事件的影响仅使分包商受到损害时，承包商的行为属于代为索赔。若承包商就同一事件也受到了损害，分包商的索赔就作为承包商的索赔要求的一部分。索赔获得批准顺延的工期加到分包合同工期上去，得到支付的索赔款按照公平合理的原则转交给分包商。

承包商处理这类分包商索赔时还应注意两个基本原则：一是从业主处获得批准的索赔款为承包商就该索赔对分包商承担责任的先决条件；二是分包商没有按规定的程序及时提出索赔，导致承包商不能按主合同规定的程序提出索赔不仅不承担责任，而且为了减小事件影响使承包商为分包商采取的任何补救措施费用由分包商承担。

2. 应由承包商承担责任的事件

此类索赔产生于承包商之间，工程师不参与索赔的处理，双方通过协商解决。原因往往是由于承包商的违约行为或分包商执行承包商代表指令导致。分包商按规定程序提出索赔后，承包商代表要客观地分析事件的起因和生产的实际损害，然后依据分包合同分清责任。

第六节　合同管理现状及问题

一、目前现状分析

（一）建筑业健康发展的市场机制有待完善，有些法律法规条文不严谨。

比如在承发包过程中的“双合同”、“阴阳合同”。业主在公开的招投标过程中与承包商签订一份合同，此合同是合法的，但却是仅供有关部门备案用的。在承包商中标后，业主会要求再签订一份合同，这份合同才是供实际执行用的。供实际执行用的合同大部分是业主在不合法的情况下迫使承包商接受一些不公平要求。这两份合同，一份满足《合同法》要求，一份满足《招投标法》要求，但同时一份违反了《合同法》要求，一份违反了《招投标法》要求。再比如，我们只要求承包商向业主提供履约保函，却没有要求业主提供预付款保证。虽然要求建设项目立项时，建设资金必须到位，但资金到位并不等于业主会按时拨付工程款给承包商。这是有缺陷的，我国每年几千亿的工程款拖欠以及农民工工资拖欠与此不无关系。

（二）有法不依，执法不严。

2001 年 4 月，建设部曾组织对在建的大中型房屋建设工程和市政基础设施工程进行专项检查。在被检查的 169 项工程中，存在不同程度违规的有 109 项，占全部检查的 64.5%。这只是偶尔的一次抽查所了解到的，没有被查到的违规或违法项目肯定还有不少。这些情况为什么不能经常地被执法部门发现并处理，而只能在一些偶然的专项检查中才会被曝光呢？还有在工程承包中，业主随便地压级、压价，预付款制度的不执行等，都是对有关规定的违反，但却没有人去追究。这些都说明目前我国建筑这一块的法制是相当乏力的。在这样的法制环境下，合同的执行情况肯定不会理想，每年几千亿的债务“黑洞”也就不足为奇了。我违反了规定，你拿我没办法，那么只要对我有利，我当然要违反，这可能就是一部分业主所抱的心态。

（三）业主和承包商不能正视彼此的关系，造成对合同管理的错误认识。

一个项目的最终目标是要把项目成功的做好。业主和承包商应该是为了这个目标，通过合同的联结而走到一块的，虽然在实现这个目标的过程中，他们都还有着各自的利益考虑，但他们最终利益的实现都是以这个目标的实现为条件的。所以双方在制定和履行合同时，都应该是抱着合作而不是敌对的态度。可目前好多业主和承包商还做不到这一点。业主仗着其在现实建筑市场上的相对优势地位，总是要求制定十分苛刻的合同条件，把承包商视作只是来赚他钱的敌对方，根本无视承包商的合理要求和利益。这样一来，诸如“霸王合同”之类的东西就出现了。殊不知，这样做的结果将会妨碍项目的成功。因为，不管业主怎样苛刻，承包商还是会想办法生存的。他要么利用一些不合法的手段降低他的成本，要么就把项目给拖下去，延误时间或者干脆撂下不干。由此造成的结果要么是业主受损，要么是双方俱伤。业主的目的应该是以合理的花费，成功地实现项目，而不是求得花费的最低。

至于承包商方面，则大部分是以敌对的态度顺应苛刻的合同，先以低价获得合同，然后在项目实施中，除了采取上面所说的两种生存手段外，通常还寄希望于索赔，希望用索赔来保住自己的利益。但是他们应该明白索赔能否实现是非常不确定的，它的主动权是掌握在业主手中的，能否索赔成功是很难说的，特别是在我国目前这种不规范的情况下。

业主和承包商以敌对的态度来对待合同，会在项目的实施中形成一种敌对的氛围，这种氛围将妨碍项目的成功实现。

（四）合同管理意识不到位，造成合同作用难以发挥。

最突出的表现是不按合同办事。当前好多承包商在项目实施中遇到利益纠纷问题后，往往不是按照合同条款去依法寻求问题的解决，而是希望借助各种私下关系，甚至委曲求全以求得问题的解决。业主方面则表现在：不按合同拨付款项；经常提出超出合同之外的要求；随意凌驾于合同之上、干预工程实施等。承包商不依靠合同解决问题，可能会带来一时的便利，但也会使业主在以后更加置合同于不顾。业主对合同的不尊重将会造成项目管理的失控。

另一点表现是不设立合同管理部门，这一点在中小型项目上特别突出。他们认为专门设立合同管理部门是没有必要的，合同执行环境不理想，设了也没用。诚然，现在的合同环境是有点混乱，但如果大家都能认真严肃地对待合同，再加上政府各种法规体系的完善，这种混乱是会改变的。正是他们的那些错误认识在延续着合同管理的混乱局面。

（五）专业的合同管理人才匮乏。

合同管理是一项专业性、技术性要求很高的工作，需要有高素质、能把握全局的人。具体地说就是不仅要通晓法律知识，还要熟知工程项目的运作规律。我国已经加入了 WTO，建筑业将面临国际竞争，要按国际惯例办事，合同管理者除了要知道国内的相关规定外，还要掌握国际上一些通行的法规制度、项目运作原则等。然而，目前我国这种人才是非常缺乏的。

二、当前项目合同管理方面存在的问题

根据合同管理的现状，承包人要提高承包工程的经济效益和管理水平，必须进一步提高合同管理和索赔水平，具体应抓好以下几个方面的工作。

（一）增强合同和索赔意识

由于我国长期受计划经济影响，国内工程管理中合同管理和索赔

尚未引起业主和承包商的高度重视，许多项目经理部对它们还比较陌生。所以，首先应加强对经理部各层次的管理人员进行合同、合同管理及索赔的宣传、培训和教育，使大家认识到这个问题的重要性，重视合同和合同管理。合同意识是市场经济意识、法律意识、工程管理意识的综合体现。

（二）逐步建立合同管理组织，使合同管理专业化。在这方面，我们必须学习和研究国外国内承包企业的先进经验。由于合同管理和索赔涉及经营、预算、法律、工程管理及公关等方面知识，专业性强，必须有专门的人员、专门的机构从事这项工作。不能将合同管理仅作为经营人员、计量人员的一种兼职工作。建议对工程规模较大、单价较低的项目设合同管理副经理，对较小的工程设专职合同管理员，对特大型工程还可以外聘合同管理专家或咨询工程师。应该认识到，合同管理和索赔水平的提高不仅仅有利于解决合同争执和赔偿问题，更有利于项目管理水平和整体管理水平的提高。

在承包工程过程中，在许多方面，施工单位一定要转变观念，不要舍不得花咨询费，尤其是对不是很明白和吃不准的东西，要学会利用外部资源为我所用，为我服务。必须有“花小钱办大事”的心态，尤其是经理部的领导，要经常比大比小，抓住主要矛盾。要有勇气承认我们绝不是万能的，在需要出谋划策的事情上，应该善于向有关专家进行咨询。

（三）重构工程项目管理系统，建立更加科学的，包括合同管理职能的项目管理组织机构、工作流程和信息流程、规章制度，确定合同与成本、工期、质量等管理子系统的界面，将合同管理融于投标报价和施工项目管理全过程中。许多承包人的施工项目管理系统尚不完全，缺少合同管理职能，直接表现为：

1. 投标报价不分析和研究合同，仅根据图纸预算或工程量清单报价。报价员在报价前应研究构成合同一部分的技术规范、计量规范。如有些招标技术规范规定，隧道超挖回填不予计量。应把超挖回填的费用打入工程量报价；对项目的不平衡报价应通过对现场的详细考察进行了仔细研究。

2. 在合同实施前不对合同作全面的研究，不对合同风险进行预测并采取对策。

3. 在工程施工前只有图纸交底，而没有合同交底工作。

4. 工程施工中不看合同，按图施工，而不是按合同施工。

5. 项目结束时对合同签订和实施的经验教训不作总结。

（四）全面研究国内外先进的合同管理和索赔方法、措施、手段和经验。合同管理有一套国际通行的做法和程序，目前可以从研究FIDIC合同条件、研究国际工程承包商的合同管理方法与程序、研究国际工程合同与索赔案例三方面入手，对国际惯例进行系统剖析。

（五）培养自己的合同管理和索赔专家。合同管理和索赔是高智力型的涉及全局的，同时又是专业性技术性强、极为复杂的管理工作。要提高项目效益，就必须有一批掌握合同管理和索赔技能的专家。当然项目经理、总工程师、计量工程师、专业工程师、各部门负责人都应具备一定的合同和合同管理知识，否则将很难胜任自己的工作。

第四章　标准合同文本（示例）

第一节　建筑工程施工合同范本

建设部国家工商行政管理局制定一九九九年十二月二十四日

第一部分　协议书

发包人（全称）：____________________

承包人（全称）：____________________

依照《中华人民共和国合同法》、《中华人民共和国建筑法》及其他有关法律、行政法规，遵循平等、自愿、公平和诚实信用的原则，双方就本建设工程施工事项协商一致，订立本合同。

一、工程概况

工程名称：________________

工程地点：________________

工程内容：________________

群体工程应附承包人承揽工程项目一览表（附件1）

工程立项批准文号：________________

资金来源：________________

二、工程承包范围

承包范围：________________

三、合同工期

开工日期：________________

竣工日期：________________

合同工期总日历天数______天。

四、质量标准

工程质量标准：________________

五、合同价款

金额（大写）：______________元（人民币）

$：____________元

六、组成合同的文件

组成本合同的文件包括：

1. 本合同协议书
2. 中标通知书
3. 投标书及其附件
4. 本合同专用条款
5. 本合同通用条款
6. 标准、规范及有关技术文件
7. 图纸
8. 工程量清单
9. 工程报价单或预算书　、

双方有关工程的洽商、变更等书面协议或文件视为本合同的组成部分。

七、本协议书中有关词语含义与本合同第二部分《通用条款》中分别赋予它们的定义相同。

八、承包人向发包人承诺按照合同约定进行施工、竣工并在质量保修期内承担工程质量保修责任。

九、发包人向承包人承诺按照合同约定的期限和方式支付合同价款及其他应当支付的款项。

十、合同生效

合同订立时间：________年____月____日

合同订立地点：____________________

本合同双方约定____________________后生效。

发　包　人：（公章）	承　包　人：（公章）
住　　　所：	住　　　所：
法定代表人：	法定代表人：
委托代理人：	委托代理人：
电　　　话：	电　　　话：
传　　　真：	传　　　真：
开户银行：	开户银行：
账　　　号：	账　　　号：
邮政编码：	邮政编码：

第二部分　通用条款

一、词语定义及合同文件

1. 词语定义

下列词语除专用条款另有约定外，应具有本条所赋予的定义：

1.1 通用条款：是根据法律、行政法规规定及建设工程施工的需要订立，通用于建设工程施工的条款。

1.2 专用条款：是发包人与承包人根据法律、行政法规规定，结合具体工程实际，经协商达成一致意见的条款，是对通用条款的具体化、补充或修改。

1.3 发包人：指在协议书中约定，具有工程发包主体资格和支付工程价款能力的当事人以及取得该当事人资格的合法继承人。

1.4 承包人：指在协议书中约定，被发包人接受的具有工程施工承包主体资格的当事人以及取得该当事人资格的合法继承人。

1.5 项目经理：指承包人在专用条款中指定的负责施工管理和合同履行的代表。

1.6 设计单位：指发包人委托的负责本工程设计并取得相应工程设计资质等级证书的单位。

1.7 监理单位：指发包人委托的负责本工程监理并取得相应工程监理资质等级证书的单位。

1.8 工程师：指本工程监理单位委派的总监理工程师或发包人指定的履行本合同的代表，其具体身份和职权由发包人承包人在专用条款中约定。

1.9 工程造价管理部门：指国务院有关部门、县级以上人民政府建设行政主管部门或其委托的工程造价管理机构。

1.10 工程：指发包人承包人在协议书中约定的承包范围内的工程。

1.11 合同价款：指发包人承包人在协议书中约定，发包人用以支付承包人按照合同约定完成承包范围内全部工程并承担质量保修责任的款项。

1.12 追加合同价款：指在合同履行中发生需要增加合同价款的情况，经发包人确认后按计算合同价款的方法增加的合同价款。

1.13 费用：指不包含在合同价款之内的应当由发包人或承包人承担的经济支出。

1.14 工期：指发包人承包人在协议书中约定，按总日历天数（包括法定节假日）计算的承包天数。

1.15 开工日期：指发包人承包人在协议书中约定，承包人开始施工的绝对或相对的日期。

1.16 竣工日期：指发包人承包人在协议书中约定，承包人完成承包范围内工程的绝对或相对的日期。

1.17 图纸：指由发包人提供或由承包人提供并经发包人批准，满足承包人施工需要的所有图纸（包括配套说明和有关资料）。

1.18 施工场地：指由发包人提供的用于工程施工的场所以及发包人在图纸中具体指定的供施工使用的任何其他场所。

1.19 书面形式：指合同书、信件和数据电文（包括电报、电传、传真、电子数据交换和电子邮件）等可以有形地表现所载内容的形式。

1.20 违约责任：指合同一方不履行合同义务或履行合同义务不符合约定所应承担的责任。

1.21 索赔：指在合同履行过程中，对于并非自己的过错，而是应由对方承担责任的情况造成的实际损失，向对方提出经济补偿和（或）工期顺延的要求。

1.22 不可抗力：指不能预见、不能避免并不能克服的客观情况。

1.23 小时或天：本合同中规定按小时计算时间的，从事件有效开始时计算（不扣除休息时间）；规定按天计算时间的，开始当天不计入，从次日开始计算。时限的最后一天是休息日或者其他法定节假日的，以节假日次日为时限的最后一天，但竣工日期除外。时限的最后一天的截止时间为当日 24 时。

2. 合同文件及解释顺序

2.1 合同文件应能相互解释，互为说明。除专用条款另有约定外，组成本合同的文件及优先解释顺序如下：

（1）本合同协议书

（2）中标通知书

（3）投标书及其附件

（4）本合同专用条款

（5）本合同通用条款

（6）标准、规范及有关技术文件

（7）图纸

（8）工程量清单

（9）工程报价单或预算书

合同履行中，发包人承包人有关工程的洽商、变更等书面协议或文件视为本合同的组成部分。

2.2 当合同文件内容含糊不清或不相一致时，在不影响工程正常进行的情况下，由发包人承包人协商解决。双方也可以提请负责监理的工程师作出解释。双方协商不成或不同意负责监理的工程师的解释时，按本通用条款第37条关于争议的约定处理。

3. 语言文字和适用法律、标准及规范

3.1 语言文字

本合同文件使用汉语语言文字书写、解释和说明。如专用条款约定使用两种以上（含两种）语言文字时，汉语应为解释和说明本合同的标准语言文字。

在少数民族地区，双方可以约定使用少数民族语言文字书写和解释、说明本合同。

3.2 适用法律和法规

本合同文件适用国家的法律和行政法规。需要明示的法律、行政法规，由双方在专用条款中约定。

3.3 适用标准、规范

双方在专用条款内约定适用国家标准、规范的名称；没有国家标准、规范但有行业标准、规范的，约定适用行业标准、规范的名称；没有国家和行业标准、规范的，约定适用工程所在地地方标准、规范的名称。发包人应按专用条款约定的时间向承包人提供一式两份约定的标准、规范。

国内没有相应标准、规范的，由发包人按专用条款约定的时间向承包人提出施工技术要求，承包人按约定的时间和要求提出施工工艺，经发包人认可后执行。发包人要求使用国外标准、规范的，应负责提供中文译本。

本条所发生的购买、翻译标准、规范或制定施工工艺的费用，由发包人承担。

4. 图纸

4.1 发包人应按专用条款约定的日期和套数，向承包人提供图纸。承包人需要增加图纸套数的，发包人应代为复制，复制费用由承包人承担。发包人对工程有保密要求的，应在专用条款中提出保密要求，保密措施费用由发包人承担，承包人在约定保密期限内履行保密义务。

4.2 承包人未经发包人同意，不得将本工程图纸转给第三人。工程质量保修期满后，除承包人存档需要的图纸外，应将全部图纸退还给发包人。

4.3 承包人应在施工现场保留一套完整图纸，供工程师及有关人员进行工程检查时使用。

二、双方一般权利和义务

5. 工程师

5.1 实行工程监理的，发包人应在实施监理前将委托的监理单位名称、监理内容及监理权限以书面形式通知承包人。

5.2 监理单位委派的总监理工程师在本合同中称工程师，其姓名、职务、职权由发包人承包人在专用条款内写明。工程师按合同约定行使职权，发包人在专用条款内要求工程师在行使某些职权前需要征得发包人批准的，工程师应征得发包人批准。

5.3 发包人派驻施工场地履行合同的代表在本合同中也称工程师，其姓名、职务、职权由发包人在专用条款内写明，但职权不得与监理单位委派的总监理工程师职权相互交叉。双方职权发生交叉或不明确时，由发包人予以明确，并以书面形式通知承包人。

5.4 合同履行中，发生影响发包人承包人双方权利或义务的事件时，负责监理的工程师应依据合同在其职权范围内客观公正地进行处理。一方对工程师的处理有异议时，按本通用条款第 37 条关于争议的约定处理。

5.5 除合同内有明确约定或经发包人同意外，负责监理的工程师无权解除本合同约定的承包人的任何权利与义务。

5.6 不实行工程监理的，本合同中工程师专指发包人派驻施工场地履行合同的代表，其具体职权由发包人在专用条款内写明。

6. 工程师的委派和指令

6.1 工程师可委派工程师代表，行使合同约定的自己的职权，并可在认为必要时撤回委派。委派和撤回均应提前 7 天以书面形式通知承包人，负责监理的工程师还应将委派和撤回通知发包人。委派书和撤回通知作为本合同附件。

工程师代表在工程师授权范围内向承包人发出的任何书面形式的函件，与工程师发出的函件具有同等效力。承包人对工程师代表向其发出的任何书面形式的函件有疑问时，可将此函件提交工程师，工程师应进行确认。工程师代表发出指令有失误时，工程师应进行纠正。

除工程师或工程师代表外，发包人派驻工地的其他人员均无权向承包人发出任何指令。

6.2 工程师的指令、通知由其本人签字后，以书面形式交给项目经理，项目经理在回执上签署姓名和收到时间后生效。确有必要时，工程师可发出口头指令，并在 48 小时内给予书面确认，承包人对工程师的指令应予执行。工程师不能及时给予书面确认的，承包人应于工程师发出口头指令后 7 天内提出书面确认要求。工程师在承包人提出确认要求后 48 小时内不予答复的，视为口头指令已被确认。

承包人认为工程师指令不合理，应在收到指令后 24 小时内向工程师提出修改指令的书面报告，工程师在收到承包人报告后 24 小时内作出修改指令或继续执行原指令的决定，并以书面形式通知承包人。紧急情况下，工程师要求承包人立即执行的指令或承包人虽有异议，但工程师决定仍继续执行的指令，承包人应予执行。因指令错误发生的追加合同价款和给承包人造成的损失由发包人承担，延误的工期相应顺延。

本款规定同样适用于由工程师代表发出的指令、通知。

6.3 工程师应按合同约定，及时向承包人提供所需指令、批准并履行约定的其他义务。由于工程师未能按合同约定履行义务造成工期延误，发包人应承担延误造成的追加合同价款，并赔偿承包人有关损失，顺延延误的工期。

6.4 如需更换工程师，发包人应至少提前 7 天以书面形式通知承包人，后任继续行使合同文件约定的前任的职权，履行前任的义务。

7. 项目经理

7.1 项目经理的姓名、职务在专用条款内写明。

7.2 承包人依据合同发出的通知，以书面形式由项目经理签字后送交工程师，工程师在回执上签署姓名和收到时间后生效。

7.3 项目经理按发包人认可的施工组织设计（施工方案）和工程师依据合同发出的指令组织施工。在情况紧急且无法与工程师联系时，项目经理应当采取保证人员生命和工程、财产安全的紧急措施，并在采取措施后 48 小时内向工程师送交报告。责任在发包人或第三人，由发包人承担由此发生的追加合同价款，相应顺延工期；责任在承包人，由承包人承担费用，不顺延工期。

7.4 承包人如需更换项目经理，应至少提前 7 天以书面形式通知发包人，并征得发包人同意。后任继续行使合同文件约定的前任的职权，履行前任的义务。

7.5 发包人可以与承包人协商，建议更换其认为不称职的项目经理。

8. 发包人工作

8.1 发包人按专用条款约定的内容和时间完成以下工作：

（1）办理土地征用、拆迁补偿、平整施工场地等工作，使施工场地具备施工条件，在开工后继续负责解决以上事项遗留问题；

（2）将施工所需水、电、电讯线路从施工场地外部接至专用条款约定地点，保证施工期间的需要；

（3）开通施工场地与城乡公共道路的通道，以及专用条款约定的施工场地内的主要道路，满足施工运输的需要，保证施工期间的畅通；

（4）向承包人提供施工场地的工程地质和地下管线资料，对资料的真实准确性负责；

（5）办理施工许可证及其他施工所需证件、批件和临时用地、停水、停电、中断道路交通、爆破作业等的申请批准手续（证明承包人自身资质的证件除外）；

（6）确定水准点与坐标控制点，以书面形式交给承包人，进行现场交验；

（7）组织承包人和设计单位进行图纸会审和设计交底；

（8）协调处理施工场地周围地下管线和邻近建筑物、构筑物（包括文物保护建筑）、古树名木的保护工作，承担有关费用；

（9）发包人应做的其他工作，双方在专用条款内约定。

8.2 发包人可以将 8.1 款部分工作委托承包人办理，双方在专用条款内约定，其费用由发包人承担。

8.3 发包人未能履行 8.1 款各项义务，导致工期延误或给承包人造成损失的，发包人赔偿承包人有关损失，顺延延误的工期。

9. 承包人工作

9.1 承包人按专用条款约定的内容和时间完成以下工作：

（1）根据发包人委托，在其设计资质等级和业务允许的范围内，完成施工图设计或与工程配套的设计，经工程师确认后使用，发包人承担由此发生的费用；

（2）向工程师提供年、季、月度工程进度计划及相应进度统计报表；

（3）根据工程需要，提供和维修非夜间施工使用的照明、围栏设施，并负责安全保卫；

（4）按专用条款约定的数量和要求，向发包人提供施工场地办公和生活的房屋及设施，发包人承担由此发生的费用；

（5）遵守政府有关主管部门对施工场地交通、施工噪音以及环境保护和安全生产等的管理规定，按规定办理有关手续，并以书面形式通知发包人，发包人承担由此发生的费用，因承包人责任造成的罚款除外；

（6）已竣工工程未交付发包人之前，承包人按专用条款约定负责已完工程的保护工作，保护期间发生损坏，承包人自费予以修复；发包人要求承包人采取特殊措施保护的工程部位和相应的追加合同价款，双方在专用条款内约定；

（7）按专用条款约定做好施工场地地下管线和邻近建筑物、构筑物（包括文物保护建筑）、古树名木的保护工作；

（8）保证施工场地清洁符合环境卫生管理的有关规定，交工前清理现场达到专用条款约定的要求，承担因自身原因违反有关规定造成的损失和罚款；

（9）承包人应做的其他工作，双方在专用条款内约定。

9.2 承包人未能履行 9.1 款各项义务，造成发包人损失的，承包人赔偿发包人有关损失。

三、施工组织设计和工期

10. 进度计划

10.1 承包人应按专用条款约定的日期，将施工组织设计和工程进度计划提交工程师，工程师按专用条款约定的时间予以确认或提出修改意见，逾期不确认也不提出书面意见的，视为同意。

10.2 群体工程中单位工程分期进行施工的，承包人应按照发包人提供图纸及有关资料的时间，按单位工程编制进度计划，其具体内容双方在专用条款中约定。

10.3 承包人必须按工程师确认的进度计划组织施工，接受工程师对进度的检查、监督。工程实际进度与经确认的进度计划不符时，承包人应按工程师的要求提出改进措施，经工程师确认后执行。因承包人的原因导致实际进度与进度计划不符，承包人无权就改进措施提出追加合同价款。

11. 开工及延期开工

11.1 承包人应当按照协议书约定的开工日期开工。承包人不能按时开工，应当不迟于协议书约定的开工日期前 7 天，以书面形式向工程师提出延期开工的理由和要求。工程师应当在接到延期开工申请后的 48 小时内以书面形式答复承包人。工程师在接到延期开工申请后 48 小时内不答复，视为同意承包人要求，工期相应顺延。工程师不同意延期要求或承包人未在规定时间内提出延期开工要求，工期不予顺延。

11.2 因发包人原因不能按照协议书约定的开工日期开工，工程师应以书面形式通知承包人，推迟开工日期。发包人赔偿承包人因延期开工造成的损失，并相应顺延工期。

12. 暂停施工

工程师认为确有必要暂停施工时，应当以书面形式要求承包人暂停施工，并在提出要求后 48 小时内提出书面处理意见。承包人应当按工程师要求停止施工，并妥善保护已完工程。承包人实施工程师作出的处理意见后，可以书面形式提出复工要求，工程师应当在 48 小时内给予答复。工程师未能在规定时间内提出处理意见，或收到承包人复工要求后 48 小时内未予答复，承包人可自行复工。因发包人原因造成停工的，由发包人承担所发生的追加合同价款，赔偿承包人由此造成的损失，相应顺延工期；因承包人原因造成停工的，由承包人承担发生的费用，工期不予顺延。

13. 工期延误

13.1 因以下原因造成工期延误，经工程师确认，工期相应顺延：

（1）发包人未能按专用条款的约定提供图纸及开工条件；

（2）发包人未能按约定日期支付工程预付款、进度款，致使施工不能正常进行；

（3）工程师未按合同约定提供所需指令、批准等，致使施工不能正常进行；

（4）设计变更和工程量增加；

（5）一周内非承包人原因停水、停电、停气造成停工累计超过8小时；

（6）不可抗力；

（7）专用条款中约定或工程师同意工期顺延的其他情况。

13.2 承包人在13.1款情况发生后14天内，就延误的工期以书面形式向工程师提出报告。工程师在收到报告后14天内予以确认，逾期不予确认也不提出修改意见，视为同意顺延工期。

14. 工程竣工

14.1 承包人必须按照协议书约定的竣工日期或工程师同意顺延的工期竣工。

14.2 因承包人原因不能按照协议书约定的竣工日期或工程师同意顺延的工期竣工的，承包人承担违约责任。

14.3 施工中发包人如需提前竣工，双方协商一致后应签订提前竣工协议，作为合同文件组成部分。提前竣工协议应包括承包人为保证工程质量和安全采取的措施、发包人为提前竣工提供的条件以及提前竣工所需的追加合同价款等内容。

四、质量与检验

15. 工程质量

15.1 工程质量应当达到协议书约定的质量标准，质量标准的评定以国家或行业的质量检验评定标准为依据。因承包人原因工程质量达不到约定的质量标准，承包人承担违约责任。

15.2 双方对工程质量有争议，由双方同意的工程质量检测机构鉴定，所需费用及因此造成的损失，由责任方承担。双方均有责任，由双方根据其责任分别承担。

16. 检查和返工

16.1 承包人应认真按照标准、规范和设计图纸要求以及工程师依据合同发出的指令施工，随时接受工程师的检查检验，为检查检验提供便利条件。

16.2 工程质量达不到约定标准的部分，工程师一经发现，应要求承包人拆除和重新施工，承包人应按工程师的要求拆除和重新施工，直到符合约定标准。因承包人原因达不到约定标准，由承包人承担拆除和重新施工的费用，工期不予顺延。

16.3 工程师的检查检验不应影响施工正常进行。如影响施工正常进行，检查检验不合格时，影响正常施工的费用由承包人承担。除此之外影响正常施工的追加合同价款由发包人承担，相应顺延工期。

16.4 因工程师指令失误或其他非承包人原因发生的追加合同价款，由发包人承担。

17. 隐蔽工程和中间验收

17.1 工程具备隐蔽条件或达到专用条款约定的中间验收部位，承包人进行自检，并在隐蔽或中间验收前48小时以书面形式通知工程师验收。通知包括隐蔽和中间验收的内容、验收时间和地点。承包人准备验收记录，验收合格，工程师在验收记录上签字后，承包人可进行隐蔽和继续施工。验收不合格，承包人在工程师限定的时间内修改后重新验收。

17.2 工程师不能按时进行验收，应在验收前24小时以书面形式向承包人提出延期要求，延期不能超过48小时。工程师未能按以上时间提出延期要求，不进行验收，承包人可自行组织验收，工程师应承认验收记录。

17.3 经工程师验收，工程质量符合标准、规范和设计图纸等要求，验收24小时后，工程师不在验收记录上签字，视为工程师已经认可验收记录，承包人可进行隐蔽或继续施工。

18. 重新检验

无论工程师是否进行验收，当其要求对已经隐蔽的工程重新检验时，承包人应按要求进行剥离或开孔，并在检验后重新覆盖或修复。检验合格，发包人承担由此发生的全部追加合同价款，赔偿承包人损失，并相应顺延工期。检验不合格，承包人承担发生的全部费用，工期不予顺延。

19. 工程试车

19.1 双方约定需要试车的，试车内容应与承包人承包的安装范围相一致。

19.2 设备安装工程具备单机无负荷试车条件，承包人组织试车，并在试车前48小时以书面形式通知工程师。通知包括试车内容、时间、地点。承包人准备试车记录，发包人根据承包人要求为试车提供必要条件。试车合格，工程师在试车记录上签字。

19.3 工程师不能按时参加试车，须在开始试车前24小时以书面形式向承包人提出延期要求，延期不能超过48小时。工程师未能按以上时间提出延期要求，不参加试车，应承认试车记录。

19.4 设备安装工程具备无负荷联动试车条件，发包人组织试车，并在试车前48小时以书面形式通知承包人。通知包括试车内容、时间、地点和对承包人的要求，承包人按要求做好准备工作。试车合格，双方在试车记录上签字。

19.5 双方责任

（1）由于设计原因试车达不到验收要求，发包人应要求设计单位修改设计，承包人按修改后的设计重新安装。发包人承担修改设计、拆除及重新安装的全部费用和追加合同价款，工期相应顺延。

（2）由于设备制造原因试车达不到验收要求，由该设备采购一方负责重新购置或修理，承包人负责拆除和重新安装。设备由承包人采购的，由承包人承担修理或重新购置、拆除及重新安装的费用，工期不予顺延；设备由发包人采购的，发包人承担上述各项追加合同价款，工期相应顺延。

(3) 由于承包人施工原因试车达不到验收要求，承包人按工程师要求重新安装和试车，并承担重新安装和试车的费用，工期不予顺延。

(4) 试车费用除已包括在合同价款之内或专用条款另有约定外，均由发包人承担。

(5) 工程师在试车合格后不在试车记录上签字，试车结束 24 小时后，视为工程师已经认可试车记录，承包人可继续施工或办理竣工手续。

19.6 投料试车应在工程竣工验收后由发包人负责，如发包人要求在工程竣工验收前进行或需要承包人配合时，应征得承包人同意，另行签订补充协议。

五、安全施工

20. 安全施工与检查

20.1 承包人应遵守工程建设安全生产有关管理规定，严格按安全标准组织施工，并随时接受行业安全检查人员依法实施的监督检查，采取必要的安全防护措施，消除事故隐患。由于承包人安全措施不力造成事故的责任和因此发生的费用，由承包人承担。

20.2 发包人应对其在施工场地的工作人员进行安全教育，并对他们的安全负责。发包人不得要求承包人违反安全管理的规定进行施工。因发包人原因导致的安全事故，由发包人承担相应责任及发生的费用。

21. 安全防护

21.1 承包人在动力设备、输电线路、地下管道、密封防震车间、易燃易爆地段以及临街交通要道附近施工时，施工开始前应向工程师提出安全防护措施，经工程师认可后实施，防护措施费用由发包人承担。

21.2 实施爆破作业，在放射、毒害性环境中施工（含储存、运输、使用）及使用毒害性、腐蚀性物品施工时，承包人应在施工前14天以书面形式通知工程师，并提出相应的安全防护措施，经工程师认可后实施，由发包人承担安全防护措施费用。

22. 事故处理

22.1 发生重大伤亡及其他安全事故，承包人应按有关规定立即上报有关部门并通知工程师，同时按政府有关部门要求处理，由事故责任方承担发生的费用。

22.2 发包人承包人对事故责任有争议时，应按政府有关部门的认定处理。

六、合同价款与支付

23. 合同价款及调整

23.1 招标工程的合同价款由发包人承包人依据中标通知书中的中标价格在协议书内约定。非招标工程的合同价款由发包人承包人依据工程预算书在协议书内约定。

23.2 合同价款在协议书内约定后，任何一方不得擅自改变。下列三种确定合同价款的方式，双方可在专用条款内约定采用其中一种：

（1）固定价格合同。双方在专用条款内约定合同价款包含的风险范围和风险费用的计算方法，在约定的风险范围内合同价款不再调整。风险范围以外的合同价款调整方法，应当在专用条款内约定。

（2）可调价格合同。合同价款可根据双方的约定而调整，双方在专用条款内约定合同价款调整方法。

（3）成本加酬金合同。合同价款包括成本和酬金两部分，双方在专用条款内约定成本构成和酬金的计算方法。

23.3 可调价格合同中合同价款的调整因素包括：

（1）法律、行政法规和国家有关政策变化影响合同价款；

（2）工程造价管理部门公布的价格调整；

（3）一周内非承包人原因停水、停电、停气造成停工累计超过 8 小时；

（4）双方约定的其他因素。

23.4 承包人应当在 23.3 款情况发生后 14 天内，将调整原因、金额以书面形式通知工程师，工程师确认调整金额后作为追加合同价款，与工程款同期支付。工程师收到承包人通知后 14 天内不予确认也不提出修改意见，视为已经同意该项调整。

24. 工程预付款

实行工程预付款的，双方应当在专用条款内约定发包人向承包人预付工程款的时间和数额，开工后按约定的时间和比例逐次扣回。预付时间应不迟于约定的开工日期前 7 天。发包人不按约定预付，承包人在约定预付时间 7 天后向发包人发出要求预付的通知，发包人收到通知后仍不能按要求预付，承包人可在发出通知后 7 天停止施工，发包人应从约定应付之日起向承包人支付应付款的贷款利息，并承担违约责任。

25. 工程量的确认

25.1 承包人应按专用条款约定的时间，向工程师提交已完工程量的报告。工程师接到报告后 7 天内按设计图纸核实已完工程量（以下称计量），并在计量前 24 小时通知承包人，承包人为计量提供便利条件并派人参加。承包人收到通知后不参加计量，计量结果有效，作为工程价款支付的依据。

25.2 工程师收到承包人报告后 7 天内未进行计量，从第 8 天起，承包人报告中开列的工程量即视为被确认，作为工程价款支付的依据。工程师不按约定时间通知承包人，致使承包人未能参加计量，计量结果无效。

25.3 对承包人超出设计图纸范围和因承包人原因造成返工的工程量，工程师不予计量。

26. 工程款（进度款）支付

26.1 在确认计量结果后 14 天内，发包人应向承包人支付工程款（进度款）。按约定时间发包人应扣回的预付款，与工程款（进度款）同期结算。

26.2 本通用条款第 23 条确定调整的合同价款，第 31 条工程变更调整的合同价款及其他条款中约定的追加合同价款，应与工程款（进度款）同期调整支付。

26.3 发包人超过约定的支付时间不支付工程款（进度款），承包人可向发包人发出要求付款的通知，发包人收到承包人通知后仍不能按要求付款，可与承包人协商签订延期付款协议，经承包人同意后可延期支付。协议应明确延期支付的时间和从计量结果确认后第 15 天起应付款的贷款利息。

26.4 发包人不按合同约定支付工程款（进度款），双方又未达成延期付款协议，导致施工无法进行，承包人可停止施工，由发包人承担违约责任。

七、材料设备供应

27. 发包人供应材料设备

27.1 实行发包人供应材料设备的，双方应当约定发包人供应材料设备的一览表，作为本合同附件（附件 2）。一览表包括发包人供应材料设备的品种、规格、型号、数量、单价、质量等级、提供时间和地点。

27.2 发包人按一览表约定的内容提供材料设备，并向承包人提供产品合格证明，对其质量负责。发包人在所供材料设备到货前 24 小时，以书面形式通知承包人，由承包人派人与发包人共同清点。

27.3 发包人供应的材料设备，承包人派人参加清点后由承包人妥善保管，发包人支付相应保管费用。因承包人原因发生丢失损坏，由承包人负责赔偿。

发包人未通知承包人清点，承包人不负责材料设备的保管，丢失损坏由发包人负责。

27.4 发包人供应的材料设备与一览表不符时，发包人承担有关责任。发包人应承担责任的具体内容，双方根据下列情况在专用条款内约定：

（1）材料设备单价与一览表不符，由发包人承担所有价差；

（2）材料设备的品种、规格、型号、质量等级与一览表不符，承包人可拒绝接收保管，由发包人运出施工场地并重新采购；

（3）发包人供应的材料规格、型号与一览表不符，经发包人同意，承包人可代为调剂串换，由发包人承担相应费用；

（4）到货地点与一览表不符，由发包人负责运至一览表指定地点；

（5）供应数量少于一览表约定的数量时，由发包人补齐，多于一览表约定数量时，发包人负责将多出部分运出施工场地；

（6）到货时间早于一览表约定时间，由发包人承担因此发生的保管费用；到货时间迟于一览表约定的供应时间，发包人赔偿由此造成的承包人损失，造成工期延误的，相应顺延工期；

27.5 发包人供应的材料设备使用前，由承包人负责检验或试验，不合格的不得使用，检验或试验费用由发包人承担。

27.6 发包人供应材料设备的结算方法，双方在专用条款内约定。

28. 承包人采购材料设备

28.1 承包人负责采购材料设备的，应按照专用条款约定及设计和有关标准要求采购，并提供产品合格证明，对材料设备质量负责。承包人在材料设备到货前24小时通知工程师清点。

28.2 承包人采购的材料设备与设计或标准要求不符时，承包人应按工程师要求的时间运出施工场地，重新采购符合要求的产品，承担由此发生的费用，由此延误的工期不予顺延。

28.3 承包人采购的材料设备在使用前，承包人应按工程师的要求进行检验或试验，不合格的不得使用，检验或试验费用由承包人承担。

28.4 工程师发现承包人采购并使用不符合设计和标准要求的材料设备时，应要求承包人负责修复、拆除或重新采购，由承包人承担发生的费用，由此延误的工期不予顺延。

28.5 承包人需要使用代用材料时，应经工程师认可后才能使用，由此增减的合同价款双方以书面形式议定。

28.6 由承包人采购的材料设备，发包人不得指定生产厂或供应商。

八、工程变更

29. 工程设计变更

29.1 施工中发包人需对原工程设计进行变更，应提前 14 天以书面形式向承包人发出变更通知。变更超过原设计标准或批准的建设规模时，发包人应报规划管理部门和其他有关部门重新审查批准，并由原设计单位提供变更的相应图纸和说明。承包人按照工程师发出的变更通知及有关要求，进行下列需要的变更：

（1）更改工程有关部分的标高、基线、位置和尺寸；

（2）增减合同中约定的工程量；

（3）改变有关工程的施工时间和顺序；

（4）其他有关工程变更需要的附加工作。

因变更导致合同价款的增减及造成的承包人损失，由发包人承担，延误的工期相应顺延。

29.2 施工中承包人不得对原工程设计进行变更。因承包人擅自变更设计发生的费用和由此导致发包人的直接损失，由承包人承担，延误的工期不予顺延。

29.3 承包人在施工中提出的合理化建议涉及到对设计图纸或施工组织设计的更改及对材料、设备的换用，须经工程师同意，未经同意擅自更改或换用时，承包人承担由此发生的费用，并赔偿发包人的有关损失，延误的工期不予顺延。

工程师同意采用承包人合理化建议，所发生的费用和获得的收益，发包人承包人另行约定分担或分享。

30. 其他变更

合同履行中发包人要求变更工程质量标准及发生其他实质性变更，由双方协商解决。

31. 确定变更价款

31.1 承包人在工程变更确定后14天内，提出变更工程价款的报告，经工程师确认后调整合同价款。变更合同价款按下列方法进行：

（1）合同中已有适用于变更工程的价格，按合同已有的价格变更合同价款；

（2）合同中只有类似于变更工程的价格，可以参照类似价格变更合同价款；

（3）合同中没有适用或类似于变更工程的价格，由承包人提出适当的变更价格，经工程师确认后执行。

31.2 承包人在双方确定变更后14天内不向工程师提出变更工程价款报告时，视为该项变更不涉及合同价款的变更。

31.3 工程师应在收到变更工程价款报告之日起14天内予以确认，工程师无正当理由不确认时，自变更工程价款报告送达之日起14天后视为变更工程价款报告已被确认。

31.4 工程师不同意承包人提出的变更价款，按本通用条款第37条关于争议的约定处理。

31.5 工程师确认增加的工程变更价款作为追加合同价款，与工程款同期支付。

31.6 因承包人自身原因导致的工程变更，承包人无权要求追加合同价款。

九、竣工验收与结算

32. 竣工验收

32.1 工程具备竣工验收条件，承包人按国家工程竣工验收有关规定，向发包人提供完整竣工资料及竣工验收报告。双方约定由承包人提供竣工图的，应当在专用条款内约定提供的日期和份数。

32.2 发包人收到竣工验收报告后 28 天内组织有关单位验收，并在验收后 14 天内给予认可或提出修改意见。承包人按要求修改，并承担由自身原因造成修改的费用。

32.3 发包人收到承包人送交的竣工验收报告后 28 天内不组织验收，或验收后 14 天内不提出修改意见，视为竣工验收报告已被认可。

32.4 工程竣工验收通过，承包人送交竣工验收报告的日期为实际竣工日期。工程按发包人要求修改后通过竣工验收的，实际竣工日期为承包人修改后提请发包人验收的日期。

32.5 发包人收到承包人竣工验收报告后 28 天内不组织验收，从第 29 天起承担工程保管及一切意外责任。

32.6 中间交工工程的范围和竣工时间，双方在专用条款内约定，其验收程序按本通用条款 32.1 款至 32.4 款办理。

32.7 因特殊原因，发包人要求部分单位工程或工程部位甩项竣工的，双方另行签订甩项竣工协议，明确双方责任和工程价款的支付方法。

32.8 工程未经竣工验收或竣工验收未通过的，发包人不得使用。发包人强行使用时，由此发生的质量问题及其他问题，由发包人承担责任。

33. 竣工结算

33.1 工程竣工验收报告经发包人认可后 28 天内，承包人向发包人递交竣工结算报告及完整的结算资料，双方按照协议书约定的合同价款及专用条款约定的合同价款调整内容，进行工程竣工结算。

33.2 发包人收到承包人递交的竣工结算报告及结算资料后 28 天内进行核实，给予确认或者提出修改意见。发包人确认竣工结算报告后通知经办银行向承包人支付工程竣工结算价款。承包人收到竣工结算价款后 14 天内将竣工工程交付发包人。

33.3 发包人收到竣工结算报告及结算资料后 28 天内无正当理由

不支付工程竣工结算价款，从第29天起按承包人同期向银行贷款利率支付拖欠工程价款的利息，并承担违约责任。

33.4 发包人收到竣工结算报告及结算资料后28天内不支付工程竣工结算价款，承包人可以催告发包人支付结算价款。发包人在收到竣工结算报告及结算资料后56天内仍不支付的，承包人可以与发包人协议将该工程折价，也可以由承包人申请人民法院将该工程依法拍卖，承包人就该工程折价或者拍卖的价款优先受偿。

33.5 工程竣工验收报告经发包人认可后28天内，承包人未能向发包人递交竣工结算报告及完整的结算资料，造成工程竣工结算不能正常进行或工程竣工结算价款不能及时支付，发包人要求交付工程的，承包人应当交付；发包人不要求交付工程的，承包人承担保管责任。

33.6 发包人承包人对工程竣工结算价款发生争议时，按本通用条款第37条关于争议的约定处理。

34. 质量保修

34.1 承包人应按法律、行政法规或国家关于工程质量保修的有关规定，对交付发包人使用的工程在质量保修期内承担质量保修责任。

34.2 质量保修工作的实施。承包人应在工程竣工验收之前，与发包人签订质量保修书，作为本合同附件（附件3）。

34.3 质量保修书的主要内容包括：

（1）质量保修项目内容及范围；

（2）质量保修期；

（3）质量保修责任；

（4）质量保修金的支付方法。

十、违约、索赔和争议

35. 违约

35.1 发包人违约。当发生下列情况时：

（1）本通用条款第 24 条提到的发包人不按时支付工程预付款；

（2）本通用条款第 26. 4 款提到的发包人不按合同约定支付工程款，导致施工无法进行；

（3）本通用条款第 33. 3 款提到的发包人无正当理由不支付工程竣工结算价款；

（4）发包人不履行合同义务或不按合同约定履行义务的其他情况。

发包人承担违约责任，赔偿因其违约给承包人造成的经济损失，顺延延误的工期。双方在专用条款内约定发包人赔偿承包人损失的计算方法或者发包人应当支付违约金的数额或计算方法。

35. 2 承包人违约。当发生下列情况时：

（1）本通用条款第 14. 2 款提到的因承包人原因不能按照协议书约定的竣工日期或工程师同意顺延的工期竣工；

（2）本通用条款第 15. 1 款提到的因承包人原因工程质量达不到协议书约定的质量标准；

（3）承包人不履行合同义务或不按合同约定履行义务的其他情况。

承包人承担违约责任，赔偿因其违约给发包人造成的损失。双方在专用条款内约定承包人赔偿发包人损失的计算方法或者承包人应当支付违约金的数额或计算方法。

35. 3 一方违约后，另一方要求违约方继续履行合同时，违约方承担上述违约责任后仍应继续履行合同。

36. 索赔

36. 1 当一方向另一方提出索赔时，要有正当索赔理由，且有索赔事件发生时的有效证据。

36. 2 发包人未能按合同约定履行自己的各项义务或发生错误以及应由发包人承担责任的其他情况，造成工期延误和（或）承包人不能及时得到合同价款及承包人的其他经济损失，承包人可按下列程序以书面形式向发包人索赔：

（1）索赔事件发生后28天内，向工程师发出索赔意向通知；

（2）发出索赔意向通知后28天内，向工程师提出延长工期和（或）补偿经济损失的索赔报告及有关资料；

（3）工程师在收到承包人送交的索赔报告和有关资料后，于28天内给予答复，或要求承包人进一步补充索赔理由和证据；

（4）工程师在收到承包人送交的索赔报告和有关资料后28天内未予答复或未对承包人作进一步要求，视为该项索赔已经认可；

（5）当该索赔事件持续进行时，承包人应当阶段性向工程师发出索赔意向，在索赔事件终了后28天内，向工程师送交索赔的有关资料和最终索赔报告。索赔答复程序与（3）、（4）规定相同。

36.3 承包人未能按合同约定履行自己的各项义务或发生错误，给发包人造成经济损失，发包人可按36.2款确定的时限向承包人提出索赔。

37. 争议

37.1 发包人承包人在履行合同时发生争议，可以和解或者要求有关主管部门调解。当事人不愿和解、调解或者和解、调解不成的，双方可以在专用条款内约定以下一种方式解决争议：

第一种解决方式：双方达成仲裁协议，向约定的仲裁委员会申请仲裁；

第二种解决方式：向有管辖权的人民法院起诉。

37.2 发生争议后，除非出现下列情况的，双方都应继续履行合同，保持施工连续，保护好已完工程：

（1）单方违约导致合同确已无法履行，双方协议停止施工；

（2）调解要求停止施工，且为双方接受；

（3）仲裁机构要求停止施工；

（4）法院要求停止施工。

十一、其他

38. 工程分包

38.1 承包人按专用条款的约定分包所承包的部分工程，并与分包单位签订分包合同。非经发包人同意，承包人不得将承包工程的任何部分分包。

38.2 承包人不得将其承包的全部工程转包给他人，也不得将其承包的全部工程肢解以后以分包的名义分别转包给他人。

38.3 工程分包不能解除承包人任何责任与义务。承包人应在分包场地派驻相应管理人员，保证本合同的履行。分包单位的任何违约行为或疏忽导致工程损害或给发包人造成其他损失，承包人承担连带责任。

38.4 分包工程价款由承包人与分包单位结算。发包人未经承包人同意不得以任何形式向分包单位支付各种工程款项。

39. 不可抗力

39.1 不可抗力包括因战争、动乱、空中飞行物体坠落或其他非发包人承包人责任造成的爆炸、火灾，以及专用条款约定的风、雨、雪、洪、震等自然灾害。

39.2 不可抗力事件发生后，承包人应立即通知工程师，并在力所能及的条件下迅速采取措施，尽力减少损失，发包人应协助承包人采取措施。工程师认为应当暂停施工的，承包人应暂停施工。不可抗力事件结束后48小时内承包人向工程师通报受害情况和损失情况，及预计清理和修复的费用。不可抗力事件持续发生，承包人应每隔7天向工程师报告一次受害情况。不可抗力事件结束后14天内，承包人向工程师提交清理和修复费用的正式报告及有关资料。

39.3 因不可抗力事件导致的费用及延误的工期由双方按以下方法分别承担：

(1) 工程本身的损害、因工程损害导致第三人人员伤亡和财产损失以及运至施工场地用于施工的材料和待安装的设备的损害，由发包人承担；

(2) 发包人承包人人员伤亡由其所在单位负责，并承担相应费用；

(3) 承包人机械设备损坏及停工损失，由承包人承担；

(4) 停工期间，承包人应工程师要求留在施工场地的必要的管理人员及保卫人员的费用由发包人承担；

(5) 工程所需清理、修复费用，由发包人承担；

(6) 延误的工期相应顺延。

39.4 因合同一方迟延履行合同后发生不可抗力的，不能免除迟延履行方的相应责任。

40. 保险

40.1 工程开工前，发包人为建设工程和施工场地内的自有人员及第三人人员生命财产办理保险，支付保险费用。

40.2 运至施工场地内用于工程的材料和待安装设备，由发包人办理保险，并支付保险费用。

40.3 发包人可以将有关保险事项委托承包人办理，费用由发包人承担。

40.4 承包人必须为从事危险作业的职工办理意外伤害保险，并为施工场地内自有人员生命财产和施工机械设备办理保险，支付保险费用。

40.5 保险事故发生时，发包人承包人有责任尽力采取必要的措施，防止或者减少损失。

40.6 具体投保内容和相关责任，发包人承包人在专用条款中约定。

41. 担保

41.1 发包人承包人为了全面履行合同，应互相提供以下担保：

(1) 发包人向承包人提供履约担保，按合同约定支付工程价款及履行合同约定的其他义务。

(2) 承包人向发包人提供履约担保，按合同约定履行自己的各项义务。

41.2 一方违约后，另一方可要求提供担保的第三人承担相应责任。

41.3 提供担保的内容、方式和相关责任，发包人承包人除在专用条款中约定外，被担保方与担保方还应签订担保合同，作为本合同附件。

42. 专利技术及特殊工艺

42.1 发包人要求使用专利技术或特殊工艺，应负责办理相应的申报手续，承担申报、试验、使用等费用；承包人提出使用专利技术或特殊工艺，应取得工程师认可，承包人负责办理申报手续并承担有关费用。

42.2 擅自使用专利技术侵犯他人专利权的，责任者依法承担相应责任。

43. 文物和地下障碍物

43.1 在施工中发现古墓、古建筑遗址等文物及化石或其他有考古、地质研究等价值的物品时，承包人应立即保护好现场并于 4 小时内以书面形式通知工程师，工程师应于收到书面通知后 24 小时内报告当地文物管理部门，发包人承包人按文物管理部门的要求采取妥善保护措施。发包人承担由此发生的费用，顺延延误的工期。

如发现后隐瞒不报，致使文物遭受破坏，责任者依法承担相应责任。

43.2 施工中发现影响施工的地下障碍物时，承包人应于 8 小时内以书面形式通知工程师，同时提出处置方案，工程师收到处置方案后 24 小时内予以认可或提出修正方案。发包人承担由此发生的费用，顺延延误的工期。

所发现的地下障碍物有归属单位时，发包人应报请有关部门协同处置。

44. 合同解除

44.1 发包人承包人协商一致，可以解除合同。

44.2 发生本通用条款第 26.4 款情况，停止施工超过 56 天，发包人仍不支付工程款（进度款），承包人有权解除合同。

44.3 发生本通用条款第 38.2 款禁止的情况，承包人将其承包的全部工程转包给他人或者肢解以后以分包的名义分别转包给他人，发包人有权解除合同。

44.4 有下列情形之一的，发包人承包人可以解除合同：

（1）因不可抗力致使合同无法履行；

（2）因一方违约（包括因发包人原因造成工程停建或缓建）致使合同无法履行。

44.5 一方依据 44.2、44.3、44.4 款约定要求解除合同的，应以书面形式向对方发出解除合同的通知，并在发出通知前 7 天告知对方，通知到达对方时合同解除。对解除合同有争议的，按本通用条款第 37 条关于争议的约定处理。

44.6 合同解除后，承包人应妥善做好已完工程和已购材料、设备的保护和移交工作，按发包人要求将自有机械设备和人员撤出施工场地。发包人应为承包人撤出提供必要条件，支付以上所发生的费用，并按合同约定支付已完工程价款。已经订货的材料、设备由订货方负责退货或解除订货合同，不能退还的货款和因退货、解除订货合同发生的费用，由发包人承担，因未及时退货造成的损失由责任方承担。除此之外，有过错的一方应当赔偿因合同解除给对方造成的损失。

44.7 合同解除后，不影响双方在合同中约定的结算和清理条款的效力。

45. 合同生效与终止

45.1 双方在协议书中约定合同生效方式。

45.2 除本通用条款第 34 条外，发包人承包人履行合同全部义务，竣工结算价款支付完毕，承包人向发包人交付竣工工程后，本合同即告终止。

45.3 合同的权利义务终止后，发包人承包人应当遵循诚实信用原则，履行通知、协助、保密等义务。

46. 合同份数

46.1 本合同正本两份，具有同等效力，由发包人承包人分别保存一份。

46.2 本合同副本份数，由双方根据需要在专用条款内约定。

47. 补充条款

双方根据有关法律、行政法规规定，结合工程实际，经协商一致后，可对本通用条款内容具体化、补充或修改，在专用条款内约定。

第三部分 专用条款

一、词语定义及合同文件

2. 合同文件及解释顺序

合同文件组成及解释顺序：____

3. 语言文字和适用法律、标准及规范

3.1 本合同除使用汉语外，还使用________语言文字。

3.2 适用法律和法规

需要明示的法律、行政法规：____

3.3 适用标准、规范

适用标准、规范的名称：________________________________

____

发包人提供标准、规范的时间：__________

国内没有相应标准、规范时的约定：____________________

____

4. 图纸

4.1 发包人向承包人提供图纸日期和套数：______________

____

发包人对图纸的保密要求：__________

使用国外图纸的要求及费用承担：_____

二、双方一般权利和义务

5. 工程师

5.2 监理单位委派的工程师

姓名：__________职务：____________

发包人委托的职权：________________________

—

需要取得发包人批准才能行使的职权：________________

____

5.3 发包人派驻的工程师

姓名：__________职务：____________

职权：____

____

5.6 不实行监理的工程师的职权：____________________

____

7. 项目经理

姓名：__________职务：______________

8. 发包人工作

8.1 发包人应按约定的时间和要求完成以下工作：

（1）施工场地具备施工条件的要求及完成的时间：______________________________

（2）将施工所需的水、电、电讯线路接至施工场地的时间、地点和供应要求：______________

（3）施工场地与公共道路的通道开通时间和要求：______________________________

（4）工程地质和地下管线资料的提供时间：______________________________

（5）由发包人办理的施工所需证件、批件的名称和完成时间：______________________________

（6）水准点与坐标控制点交验要求：______________________________

（7）图纸会审和设计交底时间：________

（8）协调处理施工场地周围地下管线和邻近建筑物、构筑物（含文物保护建筑）、古树名木的保护工作：______________________________

（9）双方约定发包人应做的其他工作：______________________________

8.2 发包人委托承包人办理的工作：______________________________

9. 承包人工作

9.1 承包人应按约定时间和要求，完成以下工作：

（1）需由设计资质等级和业务范围允许的承包人完成的设计文件提交时间：____________________

（2）应提供计划、报表的名称及完成时间：____________________

（3）承担施工安全保卫工作及非夜间施工照明的责任和要求：____________________

（4）向发包人提供的办公和生活房屋及设施的要求：____________________

（5）需承包人办理的有关施工场地交通、环卫和施工噪音管理等手续：____________________

（6）已完工程成品保护的特殊要求及费用承担：____________________

（7）施工场地周围地下管线和邻近建筑物、构筑物（含文物保护建筑）、古树名木的保护要求及费用承担：____________________

（8）施工场地清洁卫生的要求：____________________

（9）双方约定承包人应做的其他工作：____________________

三、施工组织设计和工期

10. 进度计划

10.1 承包人提供施工组织设计（施工方案）和进度计划的时间：________________

工程师确认的时间：________________

10.2 群体工程中有关进度计划的要求：________________

____

13. 工期延误

13.1 双方约定工期顺延的其他情况：________________

____

四、质量与验收

17. 隐蔽工程和中间验收

17.1 双方约定中间验收部位：________________

____

19. 工程试车

19.5 试车费用的承担：________________

五、安全施工

六、合同价款与支付

23. 合同价款及调整

23.2 本合同价款采用________方式确定。

（1）采用固定价格合同，合同价款中包括的风险范围：________________

____

风险费用的计算方法：________________

____

风险范围以外合同价款调整方法：____________________

(2) 采用可调价格合同，合同价款调整方法：____________________

(3) 采用成本加酬金合同，有关成本和酬金的约定：____________________

23.3 双方约定合同价款的其他调整因素：____________________

24. 工程预付款

发包人向承包人预付工程款的时间和金额或占合同价款总额的比例：____________________

扣回工程款的时间、比例：____________________

25. 工程量确认

25.1 承包人向工程师提交已完工程量报告的时间：____________________

26. 工程款（进度款）支付

双方约定的工程款（进度款）支付的方式和时间：____________________

七、材料设备供应

27. 发包人供应材料设备

27.4 发包人供应的材料设备与一览表不符时，双方约包人承担责任如下：

（1）材料设备单价与一览表不符：______________________________

（2）材料设备的品种、规格、型号、质量等级与一览表不符：______________________________

（3）承包人可代为调剂串换的材料：______________________________

（4）到货地点与一览表不符：______________________________

（5）供应数量与一览表不符：______________________________

（6）到货时间与一览表不符：______________________________

27.6 发包人供应材料设备的结算方法：______________________________

28. 承包人采购材料设备

28.1 承包人采购材料设备的约定：______________________________

八、工程变更

九、竣工验收与结算

32. 竣工验收

32.1 承包人提供竣工图的约定：______________________________

32.6 中间交工工程的范围和竣工时间：______________________

____

十、违约、索赔和争议

35. 违约

35.1 本合同中关于发包人违约的具体责任如下：

本合同通用条款第 24 条约定发包人违约应承担的违约责任：____

____

本合同通用条款第 26.4 款约定发包人违约应承担的违约责任：__

____

本合同通用条款第 33.3 款约定发包人违约应承担的违约责任：__

____

双方约定的发包人其他违约责任：______________________

____

35.2 本合同中关于承包人违约的具体责任如下：

本合同通用条款第 14.2 款约定承包人违约应承担的违约责任：__

____

本合同通用条款第 15.1 款约定承包人违约应承担的违约责任：__

____

双方约定的承包人其他违约责任：______________________

____

37. 争议

37.1 本合同在履行过程中发生的争议，由双方当事人协商解决，协商不成的按下列第____种方式解决：

（一）提交仲裁委员会仲裁；

（二）依法向人民法院起诉。

十一、其他

38. 工程分包

38.1 本工程发包人同意承包人分包的工程：______________________________

分包施工单位为：______________________

39. 不可抗力

39.1 双方关于不可抗力的约定：______________________

40. 保险

40.6 本工程双方约定投保内容如下：

（1）发包人投保内容：______________________

发包人委托承包人办理的保险事项：______________________

（2）承包人投保内容：______________________

41. 担保

41.3 本工程双方约定担保事项如下：

（1）发包人向承包人提供履约担保，担保方式为：______________________担保合同作为本合同附件。

（2）承包人向发包人提供履约担保，担保方式为：______________________担保合同作为本合同附件。

（3）双方约定的其他担保事项：______________________

46. 合同份数

46.1 双方约定合同副本份数：________

47. 补充条款____

第二节 承包人标准合同文本示例

一、各职能部门责任承包合同示例

（一）工程技术部责任成本承包合同

合同编号：
甲方：
乙方：　　　　　　　项目经理部工程技术部

根据河南省路桥工程集团有限公司《项目责任成本管理办法（试行）》及处与工程项目经理部签订的《项目责任成本目标责任书》的有关规定，为明确双方管理责任，考核评价工程部全体人员的工作绩效，确定工程技术管理人员的收入分配，特签订工程技术管理责任成本承包合同。

一、概况

1. 工程项目：______________________________

2. 项目工程合同总价为：______________________

二、承包期限

三、承包范围及指标

负责承包项目施工组织设计，已完设计与变更工程数量资料的签证。对施工设计中不合理的地方进行变更，优化方案，并及时报批。

四、甲方责任

1. 合理安排施工队伍和机械设备，避免窝工。

2. 协调、指导乙方科学编制施工组织设计与方案，降低成本，提高管理水平。

3. 协助乙方组建工程变更小组，定期审查乙方各项资料。

4. 配齐施工技术必须参阅的有关定型图和资料，支持乙方采用先进高效的新技术、新工艺、新方案、新材料，寻求经济效益新途径。

5. 督促乙方认真复核图纸设计工程量与现场实际发生的工程量，制定变更设计和索赔目标。

6. 审批乙方因变更设计及索赔签证支付的有关费用，对已签认的追差索赔给予特殊奖励。

7. 审批乙方因工程施工中须支付有关费用，按项目责任成本管理办法及时对乙方进行兑现。

五、乙方责任

1. 负责提供工程设计量及设计变更工程量，编制本项目工程量清单。

2. 对本合同段全部工程量的施工组织设计负责编制，执行责任。

3. 对施工过程中技术交底技术指导和监督检查工作负责；对所有施工队伍测量、放样、试验等技术施工管理负责。

4. 保证现场施工为前提，无条件服从分管项目经理的调遣。

5. 及时准确提供设计工程数量和工区、外包施工队已完工程数量，为有关部门制定材料供应计划和中间交工提供依据。

6. 根据现场实际及本合同，负责组织实施和制定责任成本管理的相应措施；建立外包施工队实际工程数量台账，填制有关报表并定期按要求上报财务部。

7. 工程开工前应对工程所在地的地质、水文与原始地面线进行全面调查，并由监理签字备案，作为以后变更、索赔的原始资料。

8. 业主及监理的任何指示、指令，都应存档妥为保管。对口头指示要以文件形式再请示，并将批复报存档作为今后变更、索赔的原始资料。

9. 隐蔽工程要有详细的地质记录，并由监理签字，如与设计不符，应作为变更、索赔的依据。

10. 对工区的变更、索赔资料及时收集、整理、上报，并进行追踪。

11. 对监理、业主有意向变更的项目，及时整理、上报相关资料，并加大攻关力度，以加快批复速度。

12. 变更批复后及时报相关领导，通知相关业务部门，并将变更令收集归档。

13. 建立变更、索赔台账，并及时进行计量。

14. 对下列责任所造成的损失、成本增支负直接责任：

①拟定的实施性施工组织设计（方案）不切实际、不经济而造成的损失；

②发生施工条件与设计不符合各类变更设计时，没有及时与有关单位办理现场签证手续，影响索赔补差而造成的损失；

③因施工图纸复核不细等原因而导致的返工浪费所造成的损失；

④因工作失误给外包施工队多开计价数量而造成的经济损失；

⑤发生施工条件与设计不符等各类变更设计时，没有及时与有关单位办理现场签证手续，影响索赔补差而造成的损失；

⑥因资料不全，使应该索赔变更的，索赔变更不了，给项目造成经济损失；

⑦其他人为的责任因素造成的损失或索赔变更量减少无法索赔变更所造成的损失。

六、工资分配

责任成本工资分配按《施工项目管理及承包办法》执行。

1. 责任预算工资按新岗位工资标准分配，按月发放。

2. 奖罚措施

在确保项目工作正常运作的前提下，严格控制成本支出，开源节流，期末进行考核，按合理结余（通过自身工作努力和提高管理水平实现的）的10%由本部门自行分配，90%归集到项目经理调控资金中心分配。对于业主制定的《承包人履约评价实施细则》所规定的每一项条款，在实际工作中要严格履行。否则，按奖罚对等的原则进行罚款。

七、其他

1. 上级对项目责任预算进行调整时，涉及劳务责任预算的有关费用，甲方应相应调整乙方的责任预算。

2. 乙方直接因素造成的盈亏，项目部所属其他责任部门不得重复计算。

3. 合同一式四份，甲方、乙方、处合同成本管理办公室、处财务部各存一份。

甲方代表（签字）：

乙方代表（签字）：

年　　月　　日

（二）合同部责任承包合同

合同编号：

甲方：项目经理部

乙方：项目经理部合同部

根据处《项目责任成本管理办法（试行）》及处与标项目经理部签订的《项目责任成本目标责任书》的有关规定，为明确双方管理责任，考核评价合同部全体人员的工作绩效，确定合同管理人员的收入分配，特签订合同管理责任成本承包合同。

一、概况

1. 工程项目：

2. 项目工程合同总价为：

二、承包期限

三、承包指标

1. 项目责任预算（100章~900章）总额（含税）：元；

2. 上交处费用总额：

四、承包范围

1. 劳务工程施工责任预算成本总额。

2. 按期对业主计量，保障企业资金的及时回笼。

3. 施工变更、索赔、补差，对本合同段已完成但不属合同施工范围内的工程量，及时进行工程资料的签证。

4. 确保完成《承包人履约评价实施细则》所规定的每一项要求。

五、承包原则

1. 预算指标统一按处《劳务预算编制办法（试行）》执行。

2. 以《内部队伍责任成本承包合同》为依据，结合现场实际落实各项指标。

3. 以《内部队伍责任成本承包合同》中劳务工程责任预算单价为基础，严格控制各项目费用的支出。

六、甲方责任

1. 合理组织劳动力，积极开展产值、工期、效益、质量、安全、设备、物能消耗复合挂钩活动。

2. 督促有关部门科学编制好施工组织计划与施工方案，降低成本，提高劳动生产率。

3. 科学组织施工生产，全面完成成本控制目标。

4. 严格控制实物工程量，督促有关业务部门及时提供基础资料和有关信息反馈。

七、乙方责任

1. 对劳务责任预算的节超负完全控制责任。

2. 加强劳务队伍管理，严格控制计时工，提高经济效益。

3. 准确掌握工程量，严格执行上级有关的劳务管理规定。

4. 坚持考核制度，建立健全各工区及各单独项目的成本台账，对导致劳务费节超负直接责任。

5. 配合有关业务部门组织好劳力，开展节约，挖潜增效，降低责任成本。

八、工资分配

责任成本工资分配按《施工项目管理及承包办法》执行。

1. 责任预算工资按新岗位工资标准分配，按月发放。

2. 奖罚措施

在确保项目工作正常运作的前提下，严格控制成本支出，开源节流，期末进行考核，按合理结余（通过自身工作努力和提高管理水平实现的）的10%由本部门自行分配，90%归集到项目经理调控资金中心分配。对于业主制定的《承包人履约评价实施细则》所规定的每一项条款，在实际工作中要严格履行。否则，按奖罚对等的原则进行罚款。

九、其他

1. 上级对项目责任预算进行调整时，涉及劳务责任预算的有关费用，甲方应相应调整乙方的责任预算。

2. 乙方直接因素造成的盈亏，项目部所属其他责任部门不得重复计算。

3. 承包指标中各材料费单价应严格按《内部队伍责任成本承包合同》中的单价执行，如因材料单价变化，造成外包单价提高，甲方应对乙方责任预算费用进行调整。

4. 本合同一式四份，甲方、乙方、处合同成本管理办公室、处财务部各存一份。

甲方代表（签字）：

乙方代表（签字）：

年　　月　　日

（三）材料设备管理责任成本承包合同

合同编号：

甲方：

乙方：

根据河南省路桥工程集团有限公司《责任成本项目管理办法（试行）》及处与　　　　　　　　　　经理部签订的《项目责任成本目标责任书》的有关规定，为明确双方管理责任，考核评价材料设备部全体人员的工作绩效，确定材料设备管理人员的收入分配，特签订材料设备管理责任成本承包合同。

一、概况

1. 工程项目：

2. 项目工程合同总价为：

二、承包期限

三、承包指标

以施工预算数量为基础，承包工程材料供应数量与单价，各项材料承包数量与单价表附后。

四、承包原则

以单价承包，数量控制。

五、甲方责任

1. 协调督促有关业务部门向乙方提供实施性施工组织计划，旬月作业计划和季、年度施工计划、材料需用量计划（包括品种、规格、用料时间）等。

2. 积极解决乙方在选择料源、组织供应、成本控制过程中出现的困难和问题。

3. 调解裁定乙方与其他责任部门出现的成本责任争议。

4. 合理保障乙方物资储备及资金需要，保证项目物资采购计划的落实。

六、乙方责任

1. 对所承包的材料费责任预算金额负完全控制责任。

2. 所采购的物资必须是合格产品，并附有产品合格证。

3. 按项目部下发的施工计划及现场实际情况，保证现场需工用料能按时按量到位。

4. 确保现场施工需求。

5. 针对现场实际及本合同，负责组织实施和制定责任成本管理的相应措施、方案；建立物资台帐，填制有关报表并按要求定期报送财务科。

6. 对下列因素造成的损失负直接责任：

（1）对采购、运输过程中造成的一切损失。

（2）对超限额、超指标供料造成的一切损失。

（3）对因非客观因素造成的发料不及时，物资供应不上造成的一切损失。

（4）没有及时给有关部门提供所需资料而造成的损失。

（5）其他责任因素造成的损失。

七、工资分配

责任成本工资分配按《施工项目管理及承包办法》执行。

1. 责任预算工资按新岗位工资分配，按月发放。

2. 奖罚措施

在确保项目工作正常运行的前提下，严格控制采购成本，节约挖潜，期末进行考核，按合理节余（通过自身工作努力和提高管理水平实现的）的5%由本部门自行分配，95%归集到项目经理调控资金中心分配。对于业主制定的《承包人履约评价实施细则》所规定的每一项条款，在实际工作中要严格履行。否则，按奖罚对等的原则进行罚款。结余以经理部确定的计划供应总量乘以单价降低额。

八、其他

1. 上级对项目责任预算进行调整时，涉及材料费责任预算的费用，甲方应相应调整乙方的责任预算。

2. 乙方直接因素造成的盈亏，项目部所属其他责任部门不得重复计算。

3. 本合同一式四份，甲方、乙方、合同成本管理办公室、财务部门各存一份。

甲方代表（签字）：

乙方代表（签字）：

年　　月　　日

（四）后勤部责任承包合同

合同编号：
甲方：　　　　　　　　　　　　　　　　　　　　经理部
乙方：　　　　　　　　　　　　　　　　　　经理部后勤部

根据处《项目责任成本管理办法（试行）》及处与经理部签订的《项目责任成本目标责任书》的有关规定，为明确双方管理责任，考核评价后勤部全体人员的工作绩效，确定后勤管理人员的收入分配，特签订后勤部责任成本管理承包合同。

一、概况

1. 工程项目：

2. 项目工程合同总价为：

二、承包期限

三、承包原则

1. 必须严格执行国家财经方针、政策，遵守财政法规和财经纪律。

2. 建立健全责任成本管理责任制，加强责任成本管理的基础工作。

3. 严格遵守成本和费用的开支范围和开支标准，实行全员、全方位、全过程的控制管理。

4. 严格控制各类不合理办公费、招待费等费用支出，达到控制费用支出的目的。

四、承包指标

1. 办公费：　　　　　　　　　　　　　　元；

2. 车辆和办公设备租赁费：　　　　　　　元；

3. 车辆和办公设备维修费：　　　　　　　元；

4. 项目业务招待费：　　　　　　　　　　元；

5. 工程交验费：　　　　　　　　　　　　元。

五、甲方责任

1. 项目主要领导应支持责任人员的正常工作，充分发挥监督的职能作用。

2. 遵守财经纪律，了解掌握有关成本费用的开支范围和开支标准，严格审批把关，开源节流，增收节支。

3. 协调裁定乙方与其他责任部门出现的成本费用争议。

六、乙方责任

1. 对第四项“承包指标”的节超负完全控制责任。

2. 力将开支降到最低水平，提高项目的经济效益。

3. 负责项目经理部车辆的调度工作，保证经理部车辆的正常使用。同时，保证办公设备的良性运转。

4. 保证正常的业务招待，协助项目领导对各类招待制定标准，并把关。

5. 工程全部结束，经项目责任成本领导小组审定“承包指标”节约，作为其实现的责任利润。

6. 填制相关责任成本管理台帐、报表，并定期报项目财务科。

七、工资分配

责任成本工资分配按《施工项目管理及承包办法》执行。

1. 责任预算工资按新岗位工资标准分配，按月发放。

2. 奖罚措施

在确保项目工作正常运作的前提下，严格控制成本支出，开源节流，期末进行考核，按合理结余（通过自身工作努力和提高管理水平实现的）的10%由本部门自行分配，90%归集到项目经理调控资金中心分配。对于业主制定的《承包人履约评价实施细则》所规定的每一项条款，在实际工作中要严格履行。否则，按奖罚对等的原则进行罚款。

八、其他

1. 上级对项目责任预算进行调整时，甲方应响应调整乙方的责任预算。

2. 本合同一式四份，甲方、乙方、处合同成本管理办公室、处财务科各存一份。

甲方代表（签字）：

乙方代表（签字）：

年　　月　　日

（五）现场综合经费责任承包合同

合同编号：

甲方：　　　　　　　　　　　　　　　　　　　经理部

乙方：　　　　　　　　　　　　　　　　　　　经理部财务部

根据处《项目责任成本管理办法（试行）》及处与经理部签订的《项目责任成本目标责任书》的有关规定，为明确双方管理责任，考核评价财务部全体人员的工作绩效，确定财务管理人员的收入分配，特签订现场综合经费管理责任成本承包合同。

一、概况

1. 工程项目：　　　　　　　　　　　　　　　　　合同段。

2. 项目工程合同总价为：

二、承包期限

三、承包范围

1. 项目责任预算（100 章~900 章）总额（含税）：

2. 上交处费用总额：

四、承包原则

1. 必须严格执行国家财经方针、政策，遵守财政法规和财经纪律。

2. 建立健全责任成本管理责任制，加强责任成本管理的基础工作。

3. 严格遵守成本和费用的开支范围和开支标准，实行全员、全方位、全过程的控制管理。

4. 有关会计科目的设置，成本费用的划分、归集、计算方法等必须按现行会计制度规定执行，不得以统计、业务核算代替会计核算。

五、承包指标

1. 现场综合经费总额：

2. 税金：

六、甲方责任

1. 项目主要领导应支持责任中心人员的正常工作，充分发挥财务监督的职能作用。

2. 遵守财经纪律，了解掌握有关成本费用的开支范围和开支标准，严格审批把关，开源节流，增收节支。

3. 积极安排工程技术、计划经营部门做好验工计价工作；协调好建设单位关系，确保已完工工程的资金及时回收，确保本项目施工生产资金的正常供应。

4. 协调裁定乙方与其他中心出现的成本争议。

七、乙方责任

1. 对本项目现场综合经费的节超负完全控制责任。

2. 对下列责任因素造成的损失或成本增支负直接责任。

⑧对本项目各项现场综合经费控制不严、措施不力，造成的各项损失。

⑨因其自身责任因素，没有及时保证资金供应而造成的各项损失。

⑩因工作失误而造成的一切经济纠纷损失。

⑪其他责任因素形成的现场综合经费损失。

3. 乙方因责任因素形成的现场综合经费节约，作为其实现的责任利润。

4. 对其负责的责任成本费用应加强管理与控制，努力把开支水平降低，提高企业经济效益。

八、工资分配

责任成本工资分配按《施工项目管理及承包办法》执行。

1. 责任预算工资按新岗位工资标准分配，按月发放。

2. 奖罚措施

在确保项目工作正常运作的前提下，严格控制成本支出，开源节流，期末进行考核，按合理结余（通过自身工作努力和提高管理水平实现的）的10%由本部门自行分配，90%归集到项目经理调控资金中心分配。否则，按奖罚对等的原则进行罚款。

九、其他

1. 上级对项目责任预算进行调整时，涉及劳务责任预算的有关费用，甲方应相应调整乙方的责任预算。

2. 乙方直接因素造成的盈亏，项目部所属其他责任部门不得重复计算。

3. 本合同一式四份，甲方、乙方、处合同成本管理办公室、处财务科各存一份。

4. 附《现场综合经费表》

《岗位工资发放标准》

甲方代表（签字）：

乙方代表（签字）：

年　　月　　日

二、材料设备管理合同示例

（一）货物运输合同

托运人（甲方）：＿＿＿＿＿＿　签订时间：＿＿＿＿＿＿

承运人（乙方）：＿＿＿＿＿＿　签订地点：＿＿＿＿＿＿

现甲方有下列货物需从＿＿＿＿＿运到＿＿＿＿＿，经甲乙双方协商一致，签订运输及运输保险协议如下。

第一条、货物名称、规格、型号、数量、重量：（必要时可另附清单）

货物名称	规格型号	数量	重量	外形尺寸	备注

第二条、装货地点：____________________________

卸货地点：____________________________

第三条、甲乙双方核定的运输总里程为__________公里。乙方需调配_____吨_____米（车厢长）的车辆____辆保证货物__________时安全运达目的地。

第四条、货物的装车及装车风险由____方承担，运输途中风险（如发生货物被抢、被盗、丢失、损坏等）由乙方承担，卸车及卸车风险由____方承担。货物装车前，甲乙双方应认真清点货物，列出清单一式____份，双方签字后各执____份

第五条、货物运输途中，所运货物需向有关执法部门提供的审批检验等手续，甲方押运人员应随身携带（如无人押车应将手续交付乙方）。如因无手续造成的损失，由甲方承担。

第六条、乙方以自己的名义在甲方的授权范围内与第三人订立的合同只约束乙方和第三人，甲方有权行使乙方对第三人的权利。因第三人造成货物的丢失或损坏，甲方追究乙方的责任及第三方相应连带责任。

第七条、运输费用：经甲乙双方协商达成的货物运输及保险费为：____

车辆通行费（过路、过桥等费用）由乙方承担。

第八条、付款方式：______________________________________

第九条、运输途中，因超载或其他违法行为造成的损失由乙方承担，如果因甲方虚报货物的重量造成超载从而造成的损失，由甲方承

担责任。

第十条、甲方指定的卸车地点必须保证车辆能够安全通过，否则乙方有权拒绝。

第十一条、货物运输到达后，甲方应尽快组织人员检查货物是否有丢失、损坏等。经双方确认无问题后，根据双方的协议，由______方尽快组织人员卸车。

第十二条、解决合同纠纷方式：本合同在履行中发生的争议，由双方当事人协商解决；协商不成的，依法向__________市人民法院起诉。

第十三条、本合同解除条件：________________________________

____

第十四条、本合同________________________起生效

第十五条、其他约定事项：

甲方（章）	乙方（章）
单位地址：	单位地址：
法定代表人：	法定代表人：
（或委托代表人）：	（或委托代表人）：
电话：	电话：
传真：	传真：
开户行：	开户行：
帐号：	帐号：
邮编：	邮编：

（二）机械设备采购合同

买受人：__________________　　合同编号：______________

出卖人：__________________　　签订地点：______________

一、设备名称、数量、价款及交（提）货时间　签订时间：______________

机械设备名称	商标牌号	规格型号	生产厂家	计量单位	数量	单价	交（提）货时间	金额							
								合计							
合计人民币金额（大写）：															

二、质量标准：____

____

三、出卖人对质量负责的条件及期限：______________________

____

四、包装标准、包装物的供应与回收：______________________

____

五、随机的必备品、配件、工具数量及供应办法：______________

____

六、合理损耗标准及计算方法：____________________________

____

七、标的物所有权自__________时起转移，但买受人未履行支付价款义务的，标的物属于__________所有。

八、交（提）货方式、地点：______________________________

____

九、运输方式及到达站（港）的费用负担：____________________

____

十、检验标准、方法、地点及期限：____________________

____

十一、成套设备的安装与调试：____________________

____

十二、结算方式、时间及地点：____________________

____

十三、担保方式（也可另立担保合同）：____________________

____

十四、本合同解除条件：____________________

十五、违约责任：____________________

十六、合同争议的解决方式：本合同在履行中发生的争议，由双方当事人协商解决；协商不成的，依法向____________市人民法院起诉。

十七、本合同自__________起生效。

十八、其他约定事项：____________________

____

____

出卖人	买受人	公证机关意见：
出卖人（章）： 住所： 法定代表人： 委托代理人： 电话： 传真： 开户银行： 帐号： 邮政编码：	买受人（章）： 住所： 法定代表人： 委托代理人： 电话： 传真： 开户银行： 帐号： 邮政编码：	签（公）证机关（章） 经办人： 年　月　日

（三）机械设备承租合同

合同编号（　　　）租字第　　　　号

承租方：____________________（以下简称甲方）

出租方：____________________（以下简称乙方）

因甲方工程需要向乙方租用下列设备。根据《中华人民共和国合同法》及有关规定，为明确甲方、乙方的权利义务关系，经双方协商一致签订本合同。甲、乙双方应严格遵守和执行本租赁合同条款。

一、租用机械设备的概况、租赁价格。(未尽事宜见附件)

设备名称	规格型号	台　数	租赁价格	指导价
甲方委托签认有效部门名单：1.　　　　2.				
签认有效人员名单：1.　　　2.　　　3.				

二、租赁期限及使用地点：自____年____月____日至____年____月____日。

三、甲方基本责任：

1. 负责为乙方机械手提供____________。由甲方原因造成的设备损坏和丢失由甲方赔偿。

2. 甲方不得强迫乙方机械手违章作业，否则造成的损失由甲方负责赔偿。

3. 甲方应在交付地点检查验收租赁机械，同时将签字后的机械租赁验收单交给乙方作为结算凭证。

4. 甲方擅自拆改乙方的机械设备要负责赔偿由此造成的一切损

失。并追究相应法律责任。

5. 其他约定事项________________

四、乙方基本责任：

1. 按合同规定的时间提供技术良好的设备，如不能按时提供，应向甲方偿付____的违约金。

2. 如果乙方提供设备附件不齐全的租赁设备，影响甲方的正常使用，除按规定数量补齐外，还应向甲方偿付 ______的违约金。

3. 乙方对租赁设备安装调试完毕交付使用后，乙方应保证在租赁期间设备的完好，满足甲方使用。若每月完好天数低于 25 天，按影响大数扣除相应租金。

4. 设备进入甲方施工现场后，乙方机械手服从甲方施工现场管理人员的调度与指挥，并遵守甲方施工现场的各项规章制度，认真填写设备运转记录，并及时找机管部门签认和统计，如有违法、违约、违纪事件发生，乙方应承担一切法律和经济责任。

5. 乙方的机械手不得向甲方提出非本合同外的无理要求。否则甲方有权向乙方提出更换机械手，并且由此造成的损失由乙方负担。

6. 其他约定事项：________________________

五、结算、付款方式及相关事项：

1. 结算及付款方式：________________________

2. 进退场费用：________________________

3. 油料供应：________________________

4. 设备维修及费用：________________________

5. 天气（候）影响：________________________

六、本合同的附件是本合同不可分割的组成部分，与本合同具有同等的法律效力，本合同附件包括：____________________及甲乙双方协商作出的补充规定。

七、本合同解除条件：______________________________

八、争议的解决：

本合同的一切争议，甲乙双方应根据《合同法》及其他相关法律的有关条款友好协商解决。协商不成，可向______人民法院提起诉讼。

九、其他约定事项：____________________________

十、本合同订立及生效条件：

无附页或附页未经审批的合同无效。一切责任及后果由签字人负责。

十一、本合同一式______份，甲乙双方各执______份。

甲方（章）	乙方（章）
单位地址：	单位地址：
法定代表人：	法定代表人：
(或委托代表人)：	(或委托代表人)：
电话：	电话：
传真：	传真：
开户行：	开户行：
帐号：	帐号：
邮编：	邮编：

审批人员签字：

1. 处设备材料科：________________________
2. 公司合同成本部：______________________
3. 公司设备材料部：______________________

（四）机械设备出租合同

合同编号（　　　　）

<table>
<tr><td>出租方
（甲方）</td><td colspan="2"></td><td>地址</td><td colspan="2"></td><td>邮编</td><td></td></tr>
<tr><td>电话</td><td></td><td>传真</td><td>开户行</td><td></td><td>帐号</td><td colspan="2"></td></tr>
<tr><td>承租方
（乙方）</td><td colspan="2"></td><td>地址</td><td colspan="2"></td><td>邮编</td><td></td></tr>
<tr><td>电话</td><td></td><td>传真</td><td>开户行</td><td></td><td>帐号</td><td colspan="2"></td></tr>
</table>

第一部分　合同要件

<table>
<tr><td colspan="3">工程名称</td><td>施工地点</td><td>施工内容</td></tr>
<tr><td colspan="3"></td><td></td><td></td></tr>
<tr><td>租赁设备名称</td><td>设备型号</td><td>数量（台、套）</td><td>预计租期</td><td>价格说明</td></tr>
<tr><td></td><td></td><td></td><td></td><td></td></tr>
<tr><td></td><td></td><td></td><td></td><td></td></tr>
<tr><td>设备进退场</td><td colspan="4">进场费用：　　　　　　退场费用：</td></tr>
<tr><td>乙方支付设备进场费</td><td colspan="2"></td><td>乙方支付退场费押金</td><td></td></tr>
<tr><td>首次预付租金</td><td colspan="4"></td></tr>
<tr><td>乙方委托现场签字有效人员名单</td><td colspan="4">1：________　2：________　3：________</td></tr>
</table>

设备租金计算方法、付款方法说明	
备注	

甲方（盖章） 乙方（盖章）

代表人： 代表人：

日期： 日期：

第二部分 标准条款

第一条、租赁服务范围

1. 甲方提供的设备租赁服务为：在符合设备出租性能的条件下，于双方约定的施工地点，完成相应的施工内容。甲方提供的租赁设备应配备具有专门技能的操作人员，该操作人员将按照乙方的指令进行作业。

2. 租赁设备交付乙方使用后，甲方对乙方的工程质量、进度等非本合同项下之事项，不承担责任。

第二条、设备进场（交付）及验收

1. 租赁设备的进场（交付）方式由双方协商，可采用由甲方将租赁设备运输至乙方指定的施工地点的方式，也可由乙方自行安排运输的方式。

2. 乙方需要甲方安排设备进场时，应提前通知甲方，以便甲方在合理时间内组织运力，如因政府法律、不可抗力或非甲方所能控制因素等情况而造成设备延误抵达，甲方不承担延迟交付的责任。

3. 若租赁设备由乙方自行安排运输，则由乙方负责设备在运输过程中的安全。如有租赁设备毁损的，乙方应承担相应的赔偿责任。

4. 若甲方负责设备运输，甲乙双方应在租赁设备运至乙方指定地点时办理设备进场及验收手续。若乙方自行安排租赁设备的运输，甲乙双方应在租赁设备起运时，办理租赁设备的进场及验收手续。

5. 租赁设备进场时，需在甲乙双方人员共同参与下对设备进行验收，验收完毕，双方代表在《设备进退场验收单》上签字，确认设备交付的日期及设备型号。

第三条、设备转移及转场

1. 租赁设备只允许在合同预先规定的区域、范围内作业，未经甲方同意，乙方不得擅自变更作业地点。

2. 乙方在合同约定的施工地点完成施工后，如需在不同的作业地点使用甲方同一租赁设备的，应在征得甲方书面同意后，进行租赁设备转场。

第四条、设备的操作规程及施工安全

1. 租赁设备在施工场地进行使用时，操作人员应按照乙方现场施工人员的指令及规划标志作业。

2. 租赁设备在使用过程中发生涉及乙方或任何第三方人员的伤亡、地上及地下、军事设施的破坏，甲方均不负担任何责任。

3. 甲方操作人员违反操作规程而产生的不安全后果由甲方承担责任。如因乙方现场施工人员强制甲方违反操作规程的造成的除外。

第五条、租赁设备的安全

1. 乙方应指定安全区域用于甲方租赁设备的停放。

2. 如甲方认为租赁设备停放于乙方指定的地点，而该地点因人为原因或本身能够预见并克服而未采取措施而存在的事故安全隐患，或存在化学侵害、水电威胁等危险状况的，甲方有权撤离，由此产生的各种损失由乙方承担。

3. 租赁设备交付乙方使用后，在乙方指定的施工地点丢失、毁损的（包括被盗、意外事故等），乙方必须按照设备重置价赔偿甲方损失。

4. 租赁设备交付乙方使用后，非甲方原因造成设备故障、损坏的乙方应承担设备的修复费用，仍须支付设备修复期间的租赁费，作为对甲方的赔偿。

第六条、设备的退场（归还）

1. 乙方在施工任务完成后，应及时通知甲方，在甲乙双方的共同参加下，对租赁设备的情况确认完好后，由双方代表在《设备退场确认单》上签字确认，办理退场手续。若乙方负责租赁设备的退场，在乙方告知甲方租赁设备已经使用完毕后未及时归还租赁设备的，甲方有权主动撤离设备，甲方撤离租赁设备之日视为租赁设备退场日。

2. 若乙方无故不履行签字确认手续的，甲方将在《设备退场确认单》上予以说明，并视为乙方同意甲方的签字。

3. 租赁设备在退场时发现非甲方原因导致设备故障的，乙方应承担租赁设备的修复费用。

4. 施工完毕，乙方应主动地为甲方设备顺利退场创造条件，不得抵押。

第七条、设备租赁价格，租金计算方法及结算时间

1. 由于租赁设备使用的特殊性，故本合同签订只能预计租期。租赁设备的实际租期以《设备退场确认单》所标注的“设备托运、开出时间”与“客户通知设备退租返场时间”的差额天数为准。

2. 甲方采用收取预付款抵扣设备租赁费的方法，同时，甲方应视具体情况定期通知乙方预付款的使用情况。当预付款抵扣设备租金完毕而乙方又未能按期补足的，甲方有权在设备租赁费不足之日，撤回租赁设备。

3. 甲乙双方在租赁设备退场后，依据《设备进、退场确认单》和《设备租金计算方法说明》，进行租赁费的结算。

4. 租赁费的具体结算方法，详见本合同附件《设备租金计算方法说明》。

第八条、出租方（甲方）责任

1. 甲方保证向乙方提供情况完好的租赁设备和技术合格的操作人

员。

2. 甲方负责租赁设备的日常保养和维修。

3. 严格禁止操作人员向乙方索要小费。

4. 甲方支付其配备操作人员的工资。

第九条、承租方（乙方）责任

1. 租赁设备在合同执行期间的一切安全事宜，包括：丢窃、非正常损毁等均由乙方负责。

2. 按照行业惯例，提供甲方操作人员的基本食宿。

3. 乙方负责供应甲方指定牌号的燃油供租赁设备使用，但甲方有权拒绝使用质量不确定的产品。

第十条、合同的提前终止、索赔与争议的解决

1. 甲方的租赁设备仅供乙方使用。未经甲方同意，乙方不得向第三方转租租赁设备。若发生转租行为，甲方有权立即解除合同，乙方除必须支付相应的租赁费外，还要支付______的违约金。

2. 未经甲方同意，乙方擅自变更作业地点、作业环境或者擅自将租赁设备移出合同约定的施工地点的，甲方有权解除合同，乙方应赔偿甲方的损失。

3. 甲方租赁设备退出乙方作业现场二十天内，乙方应及时支付所欠甲方的各种款项，从第二十一天起乙方需按照欠款的同期银行利率支付甲方滞纳金。

4. 甲乙双方因不可抗力不能履行合同时，根据相关法律规定进行解决。

第十一条、合同的签署

1. 本合同正本一式两份，甲乙双方各持一份。

2. 甲乙双方就本合同的履行发生争议不能协商解决的，可向______________人民法院起诉。

第十二条、其他

1. 合同签署时，甲乙双方记载于本合同的通讯地址将作为双方正

式、有效的通讯地址，甲乙双方有关本合同的一切文件的传达将以上述地址为准。

2. 甲乙双方变更通讯地址的，对另一方负有及时通知的义务。

3. 由于一方通讯地址的变更致使另一方的有关文件不能及时送达的，一切后果由变更一方承担。

第十三条、合同附件

1. 《设备进、退场确认单》；

2. 《设备租金计算方法说明》；

3. 《合同审批及会签附页》。

本合同的附件是本合同不可分割的组成部分，与本合同正文具有同等法律效力。

第十四条、本合同订立及生效条件：

无附页或附页未经审批的合同无效。一切责任及后果由签字人负责。

甲方单位：　　　　　　　　乙方单位：

法人代表　　　　　　　　　法人代表：
（或委托代理人）：　　　　（或委托代理人）：
地址：　　　　　　　　　　地址：

签订时间：　　　　　　　　签订地点：

审批人员签字：　1. 处设备材料科：________
　　　　　　　　2. 局设备材料处：________
　　　　　　　　3. 公司合同成本部：________

（五）施工材料采购合同

需方：________________　合同编号：________________

供方：________________　签订地点：________________

一、材料名称、数量、价款及交（提）货时间

材料名称	商标牌号	规格型号	生产厂家	计量单位	数量	单价	交（提）货时间	金额							
								合计							
合计人民币金额（大写）：															

二、质量标准：____

____

三、供方对质量负责的条件及期限：__________________________

____

十九、包装标准、包装物的供应与回收：________________________

____

二十、合理损耗标准及计算方法：____________________________

____

二十一、检验标准、方法、地点及期限：________________________

____

二十二、地方材料验收时，如发现不合格材料，需方有权拒绝收料。如果该材料可以满足其他低档材料的使用标准，经双方协商可以按低档材料验收，同时价格也按低档材料价格计算。

二十三、材料折方标准：__________________________________

____

二十四、通过试验发现不合格材料（如钢材、水泥等）处理办法：__________________________

二十五、交货方式、地点：__________________________

二十六、运输方式及费用负担：__________________________

二十七、结算方式、时间及地点：__________________________

二十八、付款方式、时间及地点：__________________________

二十九、本合同解除的条件：__________________________

三十、违约责任：__________________________

三十一、合同争议的解决方式：本合同在履行过程中发生的争议，由双方当事人协商解决；协商不成的，依法向________人民法院起诉。

三十二、本合同订立及生效条件：无附页或附页未经审批的合同无效。一切责任及后果由签字人负责。

其他约定事项：__________________________

三十三、本合同一式______份，合同双方各执________份。

甲方单位：　　乙方单位：

法人代表　　法人代表：

（或委托代理人）：　　（或委托代理人）：

地址：　　地址：

签订时间：　　签订地点：

审批人员签字：　　1. 处设备材料科：____________

2. 局设备材料处：____________

3. 公司合同成本部：____________

（六）施工物资承租合同

承租方（甲方）：　　　　　　　　合同编号：
出租方（乙方）：　　　　　　　　订立地点：
　　　　　　　　　　　　　　签订时间：______年______月______日

根据《中华人民共和国合同法》及有关规定，按照平等互利原则，为明确出租方与承租方的权利义务关系，经双方协商一致，签订本合同。

第　条、租赁物资品名、规格、数量、质量及用途。详见合同附件。

第二条、租赁期限：自______年______月______日至______年______月______日。共计______年______月______天。承租方因工程需要延长租期，应在合同届满前______日内，重新签订合同。

第三条、租金支付及期限、数额方式等：____

第四条、押金（保证金）：经双方协商，出租方收取承租方押金（大写）________元，但不应超过本合同标的物价值的20%。承租方交纳后办理提货手续。租赁期满，押金应全额退还承租方。

第五条、租赁物资的维修保养。租赁期间，承租方对租用物资要妥善保管，并负担日常维修保养费用。租赁物资退还时，经双方检查验收，如有损坏、缺少、保养不善等，要按照双方协商议定的《租赁物资缺损赔偿及维修收费办法》，由承租方向出租方支付赔偿金、维修及保养费。

第六条、运输费用：施工物资进退场运输、装卸费用由__________负担。

第七条、出租方变更：

在租赁期间，出租方如将租赁物资所有权转移给第三方，应正式通知承租方，租赁物资新的所有权方即成为本合同的出租方。

第八条、在租赁期间，未经出租方同意，承租方不得将物资转租给第三方使用，也不得变卖或作抵押品。

一、双方违约责任：

1. 出租方责任：

2. 未按时间、质量和数量提供租赁物资，其中任何一项影响承租方使用，应向承租方偿付违约期租金______%的违约金。

3. 因出租方提供的租赁物资的质量、数量和时间使承租方无法使用，承租方有权解除合同，出租方还应向承租方偿付违约期租金______%的违约金。

4. 因出租方提供的施工物资内在质量不合格造成承租方经济损失的，出租方应负责赔偿承租方的损失。

5. 其他违约行为：

二、承租方责任：

1. 逾期不还租赁物资，应向出租方偿付违约期租金______%的违约金。

2. 未经出租方同意，如有转让、转租或将租赁物资变卖、抵押等行为除出租方有权解除合同，除限期如数收回租赁物资外，承租方还应向出租方偿付违约期租金______%的违约金。

3. 其他违约行为：

第九条、解决合同纠纷的方式：本合同在履行过程中如发生争议，由当事人双方协商解决，如协商不成，可向______人民法院起诉。

第十条、本合同订立及生效条件：

1. 合同报审批部门审批，最后由代表人在合同上签字盖章有效。

2. 无附页或附页未经会签及未经审批的合同无效。一切责任及后果由签字人负责。

第十一条、其他约定事项：

第十二条、本合同解除条件：

第十三条、本合同一式______份，合同双方各执______份。本合同附件______份都是合同不可分割的组成部分，与本合同具有同等法律效力。

出租方（章）	承租方（章）
单位地址：	单位地址：
法定代表人：	法定代表人：
（或委托代表人）：	（或委托代表人）：
电话：	电话：
传真：	传真：
开户行：	开户行：
帐号：	帐号：
邮编：	邮编：

审批人员签字：　1. 处设备材料科：__________
2. 公司设备材料部：__________
3. 公司合同成本部：__________

（七）施工物资出租合同

出租方（甲方）：

合同编号：

承租方（乙方）：

订立地点：

签订时间：______年______月______日

根据《中华人民共和国合同法》及有关规定，按照平等互利原则，为明确出租方与承租方的权利义务关系，经双方协商一致，签订本合同。

第十一条、租赁物资品名、规格、数量、质量及用途。详见合同附件。

第十二条、租赁期限：自______年______月______日至______年______月______日。共计____年____月____天。承租方因工程需要延长租期，应在合同届满前______日内，重新签订合同。

租金支付及期限、数额方式等：______________________________

____

第十三条、押金（保证金）：

经双方协商，出租方收取承租方押金（大写）__________元。承租方交纳后办理提货手续。租赁期间不得以押金抵作租金；租赁期满，扣除应付租赁物资短缺赔偿金后，押金余额退还承租方。

第十四条、租赁物资的维修保养。租赁期间，承租方对租用物资要妥善保管，并负担维修保养费用。租赁物资退还时，经双方检查验收，如有损坏、缺少、保养不善等，要按照双方协商议定的《租赁物资缺损赔偿及维修收费办法》，由承租方向出租方支付赔偿金、维修及保养费。

第十五条、运输费用：施工物资进退场运输、装卸费用由______

____负担。

第十六条、出租方变更：

三、在租赁期间，出租方如将租赁物资所有权转移给第三方，应正式通知承租方，租赁物资新的所有权方即成为本合同的出租方。

四、在租赁期间，未经出租方同意，承租方不得将物资转让转租给第三方使用，也不得变卖或作抵押品。

第十七条、双方违约责任：

三、出租方责任：

1. 未按时间提供租赁物资，应向承租方偿付违约期租金______%的违约金。

2. 未按质量提供租赁物资，应向承租方偿付违约期租金______%的违约金。

3. 未按数量提供租赁物资，应向承租方偿付违约期租金______%的违约金。

4. 其他违约行为：

四、承租方责任：

1. 不按时交纳租金，应向出租方偿付违约期租金______%的违约金。

2. 逾期不还租赁物资，应向出租方偿付违约期租金______%的违约金。

3. 未经出租方同意，如有转让、转租、或将租赁物资变卖、抵押等行为，除出租方有权解除合同，除限期如数收回租赁物资外，承租方还应向出租方偿付违约期租金______%的违约金。

4. 其他违约行为：

第十八条、解决合同纠纷的方式：本合同在履行过程中如发生争议，由当事人双方协商解决，如协商不成，可向__________人民法院起诉。

第十九条、本合同解除条件：

第二十条、其他约定事项：

第二十一条、本合同订立及生效条件：

合同报审批部门审批，最后由代表人在合同上签字盖章有效。无附页或附页未经会签及审批的合同无效。一切责任及后果由签字人负责。

第二十二条、本合同自________________起生效。

第二十三条、本合同一式______份，合同双方各执______份。本合同附件______份都是合同不可分割的组成部分，与本合同具有同等法律效力。

出租方（章）	承租方（章）
单位地址：	单位地址：
法定代表人： （或委托代表人）	法定代表人： （或委托代表人）
电话：	电话：
传真：	传真：
开户行：	开户行：
帐号：	帐号：
邮编：	邮编：

审批人员签字：

1. 处设备材料科：______________
2. 公司设备材料部：____________
3. 公司合同成本部：____________

（八）委托代办托运、保险协议

委托人（甲方）： 签订地点：
受托人（乙方）： 签订日期：

现甲方委托乙方代办以下货物的国内运输及国内运输保险，特签订运输、保险协议如下。

第一条、货物名称、规格、型号、数量、重量：

货物名称	规格型号	数量	重量	外形尺寸	备注

第二条、装货地点：____________________
卸货地点：____________________

第三条、甲方需按双方约定的时间向乙方提出货物托运计划，乙方根据甲方提供的托运计划及时调配车辆，保证运输计划的完成。

第四条、货物运输需要办理审批、检验等手续的，甲方需将办理完有关手续的文件提交乙方。

第五条、价格：此协议运输、保险费为______元。

第六条、付款方式：____________________

第七条、货物自甲方交付乙方起，装车、运输风险由乙方承担，到货物运到甲方指定的卸货地点止。卸车及卸车风险由______方承担。

第八条、甲方指定的卸车地点必须保证车辆能够安全通过，否则，乙方有权拒绝。

第九条、乙方以自己的名义在甲方的授权范围内与第三人订立的合同只约束乙方和第三人，甲方有权行使乙方对第三人的权利。因第三人造成货物的丢失或损坏，甲方追究乙方的责任及第三方相应连带责任。

第十条、因甲方申报不实或者遗漏重要情况，造成承运人损失的（如因虚报重量造成超载等），甲方应承但承运人因此造成的损失。

第十一条、货物运输到达后，甲方应当在______天之内检验货物，查看货物数量是否相符、有否损毁等，逾期未进行检验视为检验通过。

第十二条、解决合同纠纷的方式：本合同在履行过程中如发生争议，由当事人双方协商解决，如协商不成，可向＿＿＿＿＿＿人民法院起诉。

第十三条、本合同解除的条件：

第十四条、其他约定事项：

第十五条、本合同订立及生效条件：

3. 合同经有关人员审批后，最后由代表人在合同上签字盖章有效。

4. 无附页未经审批的合同无效。一切责任及后果由签字人负责。

第十六条、本合同自＿＿＿＿＿＿＿＿＿＿＿起生效。

第十七条、本协议一式＿＿＿份，甲乙双方各执＿＿＿份。

甲方（章）	乙方（章）
单位地址：	单位地址：
法定代表人：	法定代表人：
（或委托代表人）：	（或委托代表人）：
电话：	电话：
传真：	传真：
开户行：	开户行：
帐号：	帐号：
邮编：	邮编：

审批人员签字：

1. 设备材料部：

2. 公司合同成本部：

三、工程分包管理合同示例

________________合同段

施 工 协 议

合同编号：

甲方：________________

乙方：________________

协 议 书

甲方：________________

乙方：________________

根据《中华人民共和国合同法》和《中华人民共和国建筑法》及其他有关法律、行政法规，承发包双方遵循平等、自愿、公平和诚实信用的原则，就乙方承担本合同工程施工任务有关事项进行了广泛深入地协商，结合本合同工程具体情况，双方达成如下协议。

1、工程概况

1.1 工程简介

1.1.1 工程名称：

1.1.2 工程地点：

1.1.3 工程内容：

1.1.4 承包方式：乙方按照双方约定的清单单价全额承包。乙方承担甲方与业主签订的施工合同中全部的责任和风险。

1.2 工程工期

1.2.1 按照甲方与业主约定的工期要求执行。

1.2.2 满足业主对该工程施工的具体阶段性工期要求。

1.3 质量等级

1.3.1 乙方必须保证工程质量和外观质量达到甲方与业主合同文件的要求，并满足《公路工程质量检验评定标准》(JTGF80/1—2004）的要求。

1.4 合同价款

1.4.1 本工程合同价为甲方与业主最终结算金额的__%，甲方向乙方提取甲方与业主最终结算金额的__%的管理费。合同价款任何一方不得擅自改变。在业主支付工程预付款后，甲方第一次提取甲方与业主签订合同总价__%的管理费。期间，甲方根据工程进度及计量情况，于开工__月内提取全部管理费的90%。待甲方与业主最终工程结算金额确定后，双方结清剩余的管理费。

1.4.2 本工程合同价视为完成合同文件规定的所有工作内容所发生的一切费用（含本工程应缴纳的一切税费）。

2. 工程施工组织与管理

2.1 项目部的组建

2.1.1 乙方以甲方的名义组建项目经理部（具体名称由甲方最终审批）。

2.1.2 甲方委派项目经理、财务人员及______参与项目管理工作。甲方委派人员独立负责管理及使用项目经理部的公章、财务专用章和印鉴，上述印章仅限于项目经理部与业主之间的业务往来与工程价款结算，用于其他业务无效。否则，造成的损失由乙方负责。所有对业主具有法律效力的文书必须加盖甲方项目部公章方能有效。甲方设立专用资金帐户，委派人员负责资金的划入、管理，并对乙方进行资金划拨，委派人员的工资及相关费用由乙方承担。乙方不得私自向业主计量或借用资金，一经发现，甲方有权终止施工合同。

2.1.3 项目部中其他人员全部由乙方配备，乙方负责全标段工程施工的安全、质量、进度及成本、经营，组织工程的全过程施工与管理。

2.2 施工组织与管理

2.2.1 乙方在施工生产中所涉及的承包合同、劳务合同、供料合同、机械租赁及与当地的各种合同协议均由乙方自行解决，由此产生的各种经济纠纷由乙方负全责，甲方不承担任何责任和义务。乙方应注意维护甲方的企业形象和利益，不得擅自以甲方名义做损害甲方社会声誉和经济利益的事情。因乙方工作人员行为产生的经济纠纷，由乙方负全责，并承担甲方处理、参与处理纠纷产生的费用。

2.2.2 工程施工期间，乙方负责协调与业主、当地政府、设计单位、监理工程师的一切关系，确保施工顺利进行，并承担相关费用。

2.2.3 甲方有权定期和不定期组织对现场施工质量、进度、安全、重大施工方案、资金状况、经营状况进行检查，对检查中提出的问题乙方必须无条件进行整改。若乙方的工程进度、质量、安全等方面达不到业主和合同的要求，且不服从甲方的指导，或存在严重问题，严重影响甲方声誉（如工程施工过程中甲方受到通报批评）时，甲方有权直接终止合同，另行组织施工，由此造成的一切损失由乙方承担。

2.2.4 由于人员、设备、材料等原因不能满足业主的要求，乙方应承担由此造成的一切损失。若受到业主、监理或行政主管部门的通报批评，或在业主组织的评比中处于末位，甲方有权要求更换乙方项目经理直至终止合同，另行组织施工。

2.2.5 乙方自行负责做好施工现场地下管线和邻近建筑物、构筑物的保护工作；负责施工所用的照明、看守、围栏和警卫等，负责已完工程验交前的成品保护工作。乙方应遵守地方政府和有关部门对施工噪音和现场交通等管理规定，文明施工，注意环境保护，保证施工现场清洁符合有关规定。遵守国家法律、法规和地方政府、河道、渔政环保等有关规定。处理好施工现场与当地政府有关单位或部门之间的关系，创造良好的施工外部环境。

2.2.6 乙方负责向甲方提供甲方向业主提供的履约担保和预付款担保同等金额的反担保，并承担办理各种保函所需的全部费用。其中预付款担保在业主计量扣回后乙方向甲方出具的预付款保函失效。

2.2.7 乙方必须按照监理及业主要求及时填写、整理、上报各种施工原始记录和资料。若资料不齐全，甲方不予对乙方进行计量和支付。乙方应按甲方要求按期上报各项报表及资料。交工验收时乙方应向甲方提供完整的竣工资料和竣工验收报告，若达不到业主要求，甲方不对乙方进行竣工结算。

2.2.8 乙方按甲方要求搞好形象工程，统一标识，加强现场管理，做好对外宣传，维护甲方形象，相应费用由乙方承担。

2.2.9 业主或监理为了保证质量、工期而要求更改施工方案、改变施工工艺、增加调换设备等，如业主不另行支付费用，甲方也不承担任何费用和责任。

2.2.10 所有施工用的材料除业主提供外，均由乙方自行采购，材料采购工作应符合业主和监理的有关规定，材料进场后应按规定和相关规范要求进行复验、抽检、报验，并提供相关的质保资料。

2.2.11 乙方在施工过程中不得再对本工程进行转包。否则，甲方有权终止合同。

2.3 质量和检验

2.3.1 工程质量应满足国家现行法律、法规、规范、标准等要求，并满足业主对本工程的质量要求。

2.3.2 乙方必须随时接受业主、监理、设计、甲方的检查，并按要求返工、修改，承担返工、修改发生的费用。

2.3.3 乙方在施工中出现质量事故时必须在第一时间上报甲方委派人员，并接受甲方处理方案、意见及按甲方相关质量管理规定进行的经济处罚，乙方承担相关责任及损失。

2.4 计量与工程款拨付

2.4.1 工程计量按施工图设计的工程量及《工程量清单》中列明的支付项目和计量单位进行计量。工程计量、结算由乙方向甲方申报，甲方委派人员对申报的已完工程质量、数量、金额审核后，加盖项目部公章上报业主。在业主审核完毕、已办理计量、工程款拨付到位后，甲方委派人员根据已完工程质量、工程进度及计量情况及时向乙方办理计量、工程价款结算和拨付工程款。对质量未达合同要求的项目不得支付，严禁超前计量和支付。若业主对甲方存在超前计量和支付，甲方将对超前计量和支付部分进行暂时留存，由甲方负责管理。乙方应配合甲方向业主办理计量和结算以及竣工验收和竣工结算工作。甲方对乙方支付的全部工程款在本项目末进行竣工验收以前均仅限于本项目使用，应该确保本工程施工的正常进行。

2.4.2 乙方不按合同约定的计量规则提交已完工程的计量报告，或乙方超出设计图纸要求增加的工程量和因自身原因造成返工修改的工程量不予计量，乙方承担自身原因造成的计量滞后的责任。

2.4.3 甲方向乙方拨付工程价款的前提条件是：业主对甲方已进行计量、工程价款已拨付到位。

2.4.4 业主的工程保留金__%全部由乙方承担，直接从工程计量款中扣除。

2.5 工程变更与索赔

2.5.1 乙方必须根据业主要求进行下述变更工作，且下述变更不应以任何形式使合同失效。

2.5.1.1 增加或减少合同中约定的工程数量。

2.5.1.2 改变任何有关工程的性质、质量、规格。

2.5.1.3 改变任何有关部分的标高、基线、位置和尺寸。

2.5.1.4 增加工程竣工所必须的任何附加工作。

2.5.1.5 改变有关工程的施工顺序和时间安排。

2.5.2 工程变更由乙方负责申报，业主批复计量后，甲方按本合同1.4.1条的规定提取相应费用。

2.5.3 施工中，若发生索赔事项，乙方应在规定时间内提供完整的索赔资料，甲方应全力协助乙方办理有关对业主的索赔手续，并按本合同1.4.1条的规定提取相应费用。

2.6 竣工验收

2.6.1 乙方负责施工的工程按合同文件的要求已全部完成，具备竣工验收条件，并按合同文件的要求进行全面自检合格后，向甲方、业主提供完整竣工资料和竣工验收申请报告。

2.6.2 只要业主和监理对竣工资料提出修改意见，乙方必须按要求、在规定的时间内修改，直至业主和监理满意为止。

2.6.3 竣工验收结束且工程款结算完毕并拨付到位后，甲方与乙方办理竣工结算。

2.7 保修

2.7.1 乙方保修的内容、范围为1.1.3条规定的承包范围内的所有永久工程。缺陷责任期内的缺陷修复全部由乙方负责，在保修期内及使用过程中出现的一切质量问题全部由乙方负责。

2.7.2 缺陷责任期从业主在最终验收记录上签字之日起计算，缺陷责任期为______月。保修期从缺陷责任期满之日起计算，保修期为______月。

2.7.3 保留金退还方式按照甲方与业主签订的合同约定执行。

2.7.4 缺陷责任期间乙方在接到甲方发出的保修通知之日后10天内派人修复，否则，甲方可委托其他单位和人员修复。费用由甲方在保留金内扣除，不足部分，由乙方支付。

2.8 安全施工

2.8.1 乙方应按有关规定，采取严格的安全防护措施，在必要的地点和时间内，设置照明、防护设施、警告标志和信号、看守人员等，防止和避免发生安全事故；在动力设备、高压电线路、地下管道、压力容器、易燃易爆地段、有毒有害环境以及邻近交通要道附近施工前，必须按设计要求采取可靠的安全防护措施，确保人员、财产和施工安全。以上措施发生的费用及由于乙方自身安全措施不力造成事故的责任和因此发生的费用均由乙方承担。

2.8.2 发生重大伤亡事故，乙方应立即报告甲方。甲方按规定向有关单位和部门报告，并按政府有关部门要求处理。乙方在施工过程中遇到危及生命、财产、工程安全等特别紧急的情况时，有权采取紧急处置措施，但处置完后应立即向甲方报告并补办有关手续，发生的费用由乙方承担。甲方将按相关安全管理规定对乙方进行经济处罚。

3. 合同生效与终止

3.1 生效与终止

本合同自承包双方签字之日起生效，在乙方向甲方提交的竣工验收报告和结算报告已被业主批准，且甲方按竣工结算向乙方支付完毕后，除有关保修条款仍然生效外，其他条款即告终止。保修期满后，有关保修条款终止。

3.2 争议解决

未尽事宜由双方协商解决，协商未果时向甲方所在地有管辖权的法院起诉。

3.3 其他

本合同一式肆份，具有同等效力，双方各执贰份。

合同签订地点：________________

合同签订日期：____年____月____日

甲方（章）:	乙方（章）:
地址:	地址:
法定代表人或	法定代表人或
授权代理人:	授权代理人:
电话:	电话:
开户银行:	开户银行:
账户:	账户:

四、分项工程分包管理合同示例

（一）钻孔桩劳务承包合同

甲方:

乙方:

根据《中华人民共和国合同法》和《建筑安装工程承包条例》以及有关规定和甲方与业主签定的《合同协议书》，结合本工程的具体情况，为明确甲乙双方在施工过程中的权利义务关系，在公正公平、互惠互利的基础上，经甲乙双方协商一致，签订本合同，以望共同遵守。

1. 工程概况及合同价款

1.1 工程项目名称：

1.2 工程地点：

1.3 工程内容及工程数量：

1.3.1 工程内容：开挖泥浆池、护筒的埋设与拆除、钻机就位、钻孔、造浆（自备膨润土等）、成孔、清孔、钻机移位、钢筋笼的制作与安装、导管安装拆除及保养、桩基混凝土浇筑、桩的质量检测、接桩头、桩头模板的就位与拆除、钻机、导管及桩头模板的撤离等。

1.3.2 工程数量：暂按图纸工程数量，数量见《工程数量及单价一览表》。结算时，合同内工程以甲方、监理、业主确认且实际发生的工程数量为准；合同外工程，乙方应做好原始资料，经甲方及监理工程师签字认可、业主批复后再按合同单价办理结算。否则，甲方不予结算。

1.4 承包方式：以单价形式实行承包，承包单价涵盖1.3.1条所包括的全部内容，单价见《工程数量及单价一览表》。

1.5 单价说明：《工程数量及单价一览表》中的单价费用包括：a 设备和人员进退场费用；b 现场施工人员的食宿；c 生活、施工用水、用电；d 临时征地和复耕费；e 临时用电线路架设费；f 施工便道修筑、硬化、养护、管理费；g 施工用所有设备（含油费）的使用、租赁、维修费用；h 各种材料费用以及小型机具费；I 现场技术管理、原始资料、技术资料整理费用；j 现场试验仪器和测量仪器的配备以及现场试验检测费；k 为完成本合同工程内容所做的一切准备工作、辅助工作和服务工作的费用；l 缺陷修复、管理、保险等费用，以及合同明示或暗示的所有责任、义务和一般风险。

1.6 合同价款：

2. 工程期限

2.1 根据工程总工期要求，合同双方商定该工程工期为____天，自____年____月____日开工，至____年____月____日完工。

2.2 开工前____天，甲方向乙方发出开工通知书。乙方如不能按约定开工日期开始施工，应在开工日期____天前，以书面形式向甲方提出延期开工的理由和要求，未经甲方书面同意，则工期不予顺延，并由乙方承担未按时开工造成的损失。

2.3 如有下列情况之一，经甲方确认后，工期可以相应顺延，并用书面的形式确定顺延期限（但是不能作为索赔金额的依据）：

2.3.1 甲方提供图纸不及时以及设计变更等影响正常施工。

2.3.2 因不可抗力因素而影响施工。

2.4 乙方的施工进度应满足合同工期的要求，如不能按期完工，每逾期一天按合同总价的____‰偿付逾期违约金。

3. 双方的权利和义务

3.1 甲方

3.1.1 在开工前应协助办理征地拆迁、施工用地、协助乙方解决施工用水、用电等，其费用由乙方负责。

3.1.2 负责办理开工报告等施工前的准备工作。

3.1.3 向乙方提供施工图纸及有关技术资料，必要时进行技术交底。

3.1.4 向乙方下达施工进度计划并对乙方的工程进度和质量进行监督，对工程数量进行签认。

3.1.5 按合同规定由甲方供应的材料、设备，甲方应按时组织供应，以满足工程进度的需要。甲方供应材料详见附表《材料供应一览表》。

3.1.6 如果乙方严重违反合同，甲方提出又不加以改正，致使合同难以履行时，甲方有权采取一切措施直至终止合同，并视情节轻重，追究乙方法律责任。

3.1.7 从全局利益出发，在遇有紧急情况或突发事件时，有权对乙方的人员和设备进行统一调配和无偿使用。

3.1.8 对乙方在劳务施工过程中发生的一切对外经济活动所造成的后果，乙方自负，甲方不负任何责任。

3.2 乙方

3.2.1 要严格遵守国家的政策、法令和法规，及地方政府的规定。

3.2.2 不得擅自将承包工程分包或转包给其他人，否则甲方有权解除合同并没收其履约保证金。

3.2.3 必须服从甲方管理人员的安排，并完成甲方及业主的质量进度要求。

3.2.4 做好施工场地的平整、施工界区内的施工用水、用电、道路、管线的敷设、临时设施的建设管理、使用和维修。

3.2.5 根据甲乙双方初步协商，乙方拟投入本工程施工的人员和设备，应在本合同签定后____日内全部到达施工现场，并通知甲方有关负责人到现场清点签认，同时提供相应的证书。如果乙方上述人员和机械设备在施工过程中需要发生变动，乙方应提前____日书面通知甲方，并征得甲方项目经理同意，否则视乙方违约。

3.2.6 每月向甲方提供材料设备进场计划和施工用水用电计划。

3.2.7 每月必须以书面的形式将合同履行情况上报甲方项目经理部。

3.2.8 按甲方要求上报各种技术文件和资料、报表。

3.2.9 保质、保量、按期完成本合同规定的全部工程内容，包括设计变更和增加工程。全部工程必须达到本合同第5条规定的质量要求。

3.2.10 负责处理好地方关系，避免与地方发生不必要的经济纠纷。否则，造成的一切后果和损失由乙方承担。

3.2.11 按照文明施工的要求，修筑的泥浆池要规范、整齐，防止泥浆外流。否则，将视情况对乙方进行罚款。

3.2.12 乙方在施工过程中，要保证承包范围的场内外的环境不被污染。否则，造成的一切后果和损失由乙方承担。

3.2.13 根据工程需要，负责维修施工用电照明、看守围拦和警示标牌等施工防护设施。另外，施工造成的水土流失，污染农田、鱼塘以及因施工车辆造成的道路、农作物污染，均由乙方负责处理解决，费用自理。

3.2.14 工程竣工之后，乙方应进行场地清理平整，做到工完场清，并协助提供交工验收有关资料。在本工程未交付甲方前，应负责已完工程的保护工作，若有损坏，应自费予以修复。

3.2.15 乙方在施工中如发现文物或古迹等，应做好其保护工作，并及时通知甲方，由甲方与文物部门联系，不可擅自处理或继续进行施工。

3.2.16 在甲方的指导下全力做好与文明施工相关的所有工作，包括各种彩旗标语的安放布置、施工人员的着装要求、废渣废料的合理堆放与及时清理及施工现场的交通管制工作等，其费用由乙方自理。

3.2.17 本工程所属政府或上级有关部门规定的税、费及办证费用由乙方承担。

4. 工程材料设备的供应与验收

4.1 本工程由甲方供应的材料为：____________，乙方应提前10天向甲方提出材料书面供应计划，甲方根据乙方计划、工程进度及定额需要向乙方供应，经双方点验签证后，由乙方保管使用。材料费用在结算时按规定的单价计算，并在甲方支付给乙方的工程款中扣除。

4.2 甲方供应以外的其他材料由乙方自行采购。甲方供应或乙方自行采购的材料、设备，必须附有产品合格证书才能用于本工程，材料由实验室检查合格后方可使用，设备由设备部门验收。

4.3 严禁使用不合格材料，甲方如果发现不合格材料时，有权下达停工令，造成的损失由乙方承担。

4.4 为保证施工的顺利进行，凡由甲方供应的主要材料，乙方不得擅自变卖或挪作它用，一旦发现，按____%处以罚款，情节严重者，甲方有权终止合同，乙方必须赔偿由此而发生的一切经济损失。

4.5 由甲方提供给乙方的主要材料，场内运输由乙方负责。

5. 工程质量

5.1 具体的质量要求：

①扩孔率小于5%，倾斜率小于0.5%。否则，超灌混凝土费用由乙方承担；

②泥浆指标符合施工规范、甲方及监理工程师要求；

③孔深及桩长满足设计要求；

④沉淀厚度满足施工规范和监理工程师的要求；

⑤如果出现塌孔等质量事故，乙方负全责，费用乙方自理；

⑥成孔后要保证在混凝土灌注不塌孔，且仍能满足施工规范要求。在此期间，灌注前如果沉淀厚度超标，乙方应负二次清孔；

⑦乙方制作检孔器，每孔必检，检孔不合格，费用由乙方负担；

5.2 本工程质量要求分项工程合格率100%，单位工程验收合格率100%，并达到甲方要求的创优目标及企业质量目标。

5.3 乙方应严格按照施工图纸、说明、技术交底和国家颁发的有关施工技术规范、标准的有效版本进行施工，并接受甲方现场代表的监督、检查和指导。

5.4 甲方提供或乙方采购的材料、设备、构件、配件、成品或半成品必须有质量合格证，并经检验合格后方可用于本工程。对材料改变或代换必须经甲方同意并签发正式书面通知书后，方可用于本工程。

5.5 在施工中如发生质量问题及事故，不得擅自处理或继续施工，并应及时报告甲方。

5.6 因乙方原因工程质量达不到规定的质量标准的，乙方应承担违约责任并进行返工或返修或报废处理，由此造成的全部损失由乙方负担。

5.7 甲方对乙方工程质量的检查与验收，不能免除乙方的质量责任，任何质量缺陷及因此造成的损失由乙方承担。

6. 安全责任

6.1 乙方保证轻伤率在2%以内，重伤率在3‰以内，杜绝人身伤亡事故及重大安全事故。

6.2 乙方施工前应制订安全生产制度，对职工进行安全生产教育，施工中必须按有关规定设置和佩带安全防护器材，严格遵守安全操作规程，确保施工安全，乙方在施工中造成的人身伤亡及财产损坏事故，及其对第三方造成的人身和财物损害，一切责任由乙方自行负担，并不得因此影响工期。

6.3 凡在公路或地方道路附近施工，乙方必须设置警告标志，配备施工安全员，并确保既有公路或地方道路的正常通行。

7. 合同的订立与履约保证

7.1 按照施工规范的要求，为了确保工程质量和进度，双方商定的人员、设备必须足额到位（人员、设备一览表附后）。

7.2 合同签订时，乙方自愿向甲方交纳本合同价款10%的履约保证金，计人民币____元。

7.3 乙方若不能按甲方开工通知书规定的最后期限将甲方要求的人员、设备全部到位，则视为乙方单方面解除合同，不影响甲方再寻求合作单位，交纳的履约保证金甲方不再返还，以补偿由此给甲方造成的损失。

8. 施工与设计变更

8.1 乙方必须按时完成甲方下达的工程施工计划，同时应书面报告当月计划执行情况以及超额或未完成计划的原因，甲方收到报告后提出意见，给予批准或提出修改意见交乙方执行。

8.2 乙方负责施工中的现场管理，甲方所交桩点，乙方必须注意保护。

8.3 施工中如发现设计有错误的地方，乙方应及时以书面形式报告甲方，由甲方负责处理。乙方应按修改或变更后的设计进行施工，若发生费用增减，则调整合同总价。

8.4 甲方如需变更设计，必须发出正式变更通知书，乙方予以实施，若由此引起的费用增减，则调整合同总价。

9. 工程交验

工程交验应以国家及地方颁发的有关规定、标准和施工图纸、说明书、施工技术文件等为依据。凡因乙方施工原因造成的工程不合格或有质量缺陷，由乙方无偿处理，并承担与此相关的责任，或由甲方进行修理，费用由乙方承担。

10. 工程价款的结算与支付

10.1 结算程序：

10.1.1 中间支付：每月甲方上报到业主的计量批复之后，甲方根据合同附表中相应项目的单价及乙方实际完成的工程数量计算乙方的工程价款。办理结算时，应从乙方工程款中扣除 5 % 作为质量保证金；乙方在办理结算时应出具相应的票据。

其次，甲方支付给乙方的工程款应全部用于本工程，不得挪作它用，否则甲方有权暂停支付工程款，其所造成的一切后果由乙方自行承担。

10.1.2 完工结算：

乙方办理完工结算须具备以下条件：a 按协议要求完成所有工程；b 工程经验收合格；c 上交甲方所要求整理的所有技术资料；d 办理完退场手续；e 向甲方提供与当地是否存在经济纠纷的有关证明（如村委会的签字和盖章）。具备上述条件后，甲乙双方共同签署《合同履约清单》（见附件），甲方为乙方办理完工结算，并向乙方支付除质量保证金外的工程款及履约保证金。支付的最后期限为竣工验收之日起____个月内付清。

10.1.3 最终结算：质保期满，甲方同业主办理完质量保证金退还手续后，由甲方通知乙方办理有关乙方质量保证金的退还手续，并在____个月内付清。

10.2 因乙方原因致使合同不能履行或在合同未履行完又未经甲方同意而乙方擅自停工或撤离现场时，甲方有权终止合同，另行安排队伍施工。甲方在对乙方已完工程量进行结算时，按合同单价的70%进行结算。

10.3 乙方使用甲方施工机械设备，必须签订租赁合同，费用从乙方工程款中扣除。

10.4 营业税、城市维护建设税、教育费附加由甲方代交，结算时，在甲方付给乙方的工程款中等额扣除。

11. 解决纠纷的办法

在合同履行过程中如发生纠纷，双方应及时协商解决，协商不成时，双方自愿约定向甲方所在地有管辖权的人民法院起诉。

12. 附则

12.1 合同签订后，甲乙双方如需提出补充或修改时，经双方协商一致后可以签订补充合同，补充合同具有同等法律效力。

12.2 本合同的所有附件，均作为合同的组成部分。

12.3 此合同自双方代表签字盖章并在甲方收到乙方交纳的履约保证金后生效，至工程竣工验收完毕，保修期满并结清款项后自动失效。

12.4 本合同一式六份，甲方执五份，乙方执一份。

甲方单位：（盖章） 乙方单位：（盖章）

甲方代表：（签字） 乙方代表：（签字）

日期： 年 月 日

（二）预制场劳务承包合同

甲方：

乙方：

根据《中华人民共和国合同法》和《建筑安装工程承包条例》以及有关规定和甲方与业主签定的《合同协议书》，结合本工程的具体情况，为明确甲乙双方在施工过程中的权利义务关系，在公正公平、互惠互利的基础上，经甲乙双方协商一致，签订本合同，以望共同遵守。

1. 工程概况及合同价款

1.1 工程项目名称：

1.2 工程地点：

1.3 工程内容及工程数量：

1.3.1 工程内容：①预制场场地硬化、临建设施的安装拆除。②钢模板安装、拆除、修理、涂脱模剂、堆放。③钢筋除锈、制作、成型、绑扎、焊接、骨架入模。④张拉设备的安装拆除、钢绞线的制作及张拉。⑤混凝土浇筑及养生。⑥压浆、封锚。⑦成品预制件的吊装与堆放。⑧预制件运输前的装车工作。

1.3.2 工程数量：数量见《工程数量及单价一览表》。结算时以甲方、监理、业主确认且实际发生的工程数量为准。

1.4 承包方式：以单价形式实行承包，承包单价涵盖 1.3.1 条所包括的全部内容，单价见《工程数量及单价一览表》。

1.5 单价说明：《工程数量及单价一览表》中的单价费用包括：a 设备和人员进退场费用；b 现场施工人员的食宿；c 生活、施工用水、用电；d 临时征地和复耕费；e 临时用电线路架设费；f 施工便道修筑、硬化、养护、管理费；g 施工用所有设备（含油费）的使用、租赁、维修费用；h 各种材料费用以及小型机具费；i 现场技术管理、原始资料、技术资料整理费用；j 现场试验仪器和测量仪器的配备以及现场试验检测费；k 为完成本合同工程内容所做的一切准备工作、辅助工作和服务工作的费用；l 缺陷修复、管理、保险等费用，合同明示或暗示的所有责任、义务和一般风险。

1.6 合同价款：

2. 工程期限

2.1 根据工程总工期要求，合同双方商定该工程工期为____天，自____年____月____日开工，至____年____月____日。

2.2 开工前____天，甲方向乙方发出开工通知书。乙方如不能按约定开工日期开始施工，应在开工日期____天前，以书面形式向甲方提出延期开工的理由和要求，未经甲方书面同意，则工期不予顺延，并由乙方承担未按时开工造成的损失。

2.3 如有下列情况之一，经甲方确认后，工期可以相应顺延，并用书面的形式确定顺延期限（但是不能作为索赔金额的依据）：

2.3.1 甲方提供图纸不及时以及设计变更等影响正常施工。

2.3.2 因不可抗力因素而影响施工。

2.4 乙方的施工进度应满足合同工期的要求，如不能按期完工，每逾期一天按合同总价的____‰偿付逾期违约金。

3. 双方的权利和义务

3.1 甲方

3.1.1 在开工前应协助乙方办理征地拆迁、施工用地，协助乙方解决施工用水、用电等，其费用由乙方负责。

3.1.2 负责办理开工报告等施工前的准备工作。

3.1.3 向乙方提供施工图纸及有关技术资料，必要时进行技术交底。

3.1.4 向乙方下达施工进度计划并对乙方的工程进度和质量进行监督，对工程数量进行签认。

3.1.5 由甲方供应的材料、设备，甲方应按时组织供应，以满足工程进度的需要。甲方供应材料详见附表《材料供应一览表》。

3.1.6 如果乙方严重违反合同，甲方提出又不加以改正，致使合同难以履行时，甲方有权采取一切措施直至终止合同，并视情节轻重，追究乙方法律责任。

3.1.7 从全局利益出发，在遇有紧急情况或突发事件时，有权对乙方的人员和设备进行统一调配和无偿使用。

3.1.8 对乙方在劳务施工过程中发生的一切对外经济活动所造成的后果，乙方自负，甲方不负任何责任。

3.2 乙方

3.2.1 要严格遵守国家的政策、法令和法规，及地方政府的规定。

3.2.2 不得擅自将承包的工程分包或转包给其他人，否则甲方有权解除合同并追究乙方的责任。

3.2.3 必须服从甲方管理人员的安排，并完成甲方及业主的质量进度要求。

3.2.4 做好施工场地的平整、施工界区内的施工用水、用电、道路、管线的敷设、临时设施的建设、使用和维修。

3.2.5 根据甲乙双方初步协商，乙方拟投入本工程施工的人员和设备，应在本合同签定后____日内全部到达施工现场，并通知甲方有关负责人到现场清点签认，同时提供相应的证书。如果乙方上述人员和机械设备在施工过程中需要发生变动，乙方应提前____日书面通知甲方，并征得甲方项目经理同意，否则视为乙方违约。

3.2.6 每月向甲方提供材料设备进场计划和施工用水用电计划。

3.2.7 每月必须以书面的形式将合同履行情况上报甲方项目经理部。

3.2.8 按甲方要求上报各种技术文件和资料、报表。

3.2.9 保质、保量、按期完成本合同规定的全部工程内容，包括设计变更和增加工程。全部工程必须达到本合同第5条规定的质量要求。

3.2.10 负责处理好地方关系，避免与地方发生不必要的经济纠纷。否则，造成的一切后果和损失由乙方承担。

3.2.11 乙方在施工过程中，要保证承包范围的场内外的环境不被污染。否则，造成的一切后果和损失由乙方承担。

3.2.12 根据工程需要，负责维修施工用电照明、看守围拦和警示标牌等施工防护设施。另外，施工造成的水土流失，污染农田、鱼塘以及因施工车辆造成的道路、农作物污染，均由乙方负责处理解决，费用自理。

3.2.13 工程竣工之后，乙方应进行场地清理平整，做到工完场清，并协助提供交工验收有关资料。在本工程未交付甲方前，应负责已完工程的保护工作，若有损坏，应自费予以修复。

3. 2. 14 在甲方的指导下全力做好与文明施工相关的所有工作，包括各种彩旗标语的安放布置、施工人员的着装要求、废渣废料的合理堆放与及时清理及施工现场的交通管制工作等，其费用由乙方自理。

3. 2. 15 本工程所属政府或上级有关部门规定的税、费及办证费用由乙方承担。

4. 工程材料设备的供应与验收

4. 1 本工程由甲方供应的材料为：钢筋、钢绞线、各种标号混凝土，乙方应提前 10 天向甲方提出材料书面供应计划，甲方根据乙方计划、工程进度及定额需要向乙方供应，经双方点验签证后，由乙方保管使用。材料费用在结算时按规定的单价计算，并在甲方支付给乙方的工程款中扣除。

4. 2 甲方供应以外的其他材料由乙方自行采购。甲方供应或乙方自行采购的材料、设备，必须附有产品合格证书才能用于本工程，材料由实验室检查合格后方可使用，设备由设备部门验收。

4. 3 严禁使用不合格材料，甲方如果发现不合格材料时，有权下达停工令，造成的损失由乙方承担。

4. 4 为保证施工的顺利进行，凡由甲方供应的主要材料，乙方不得擅自变卖或挪作它用，一旦发现，按____% 处以罚款。情节严重者，甲方有权终止合同，乙方必须赔偿由此而发生的一切经济损失。

4. 5 由甲方提供给乙方的主要材料，场内运输由乙方负责。

5. 工程质量

5. 1 本工程质量要求分项工程合格率 100%，单位工程验收合格率 100%，并达到甲方要求的创优目标及企业质量目标。

5. 2 乙方应严格按照施工图纸、说明、技术交底和国家颁发的有关施工技术规范、标准的有效版本进行施工，并接受甲方现场代表的监督、检查和指导。

5.3 甲方提供或乙方代购的材料、设备、构件、配件、成品或半成品必须有质量合格证，并经检验合格后方可用于本工程。对材料改变或代换必须经甲方同意并签发正式书面通知书后，方可用于本工程。

5.4 在施工中如发生质量问题及事故，不得擅自处理或继续施工，并应及时报告甲方。

5.5 因乙方原因工程质量达不到规定的质量标准的，乙方应承担违约责任并进行返工或返修或报废处理，由此造成的全部损失由乙方承担。

5.6 甲方对乙方工程质量的检查与验收，不能免除乙方的质量责任，任何质量缺陷及因此造成的损失由乙方承担。

6. 安全责任

6.1 乙方保证轻伤率在2%以内，重伤率在3‰以内，杜绝人身伤亡事故及重大安全事故。

6.2 乙方施工前应制订安全制度，对职工进行安全生产教育，施工中必须按有关规定设置和佩带安全防护器材，严格遵守安全操作规程，确保施工安全，乙方在施工中造成的人身伤亡及财产损坏事故，及其对第三方造成的人身和财物损害，一切责任由乙方自行承担，并不得因此影响工期。

7. 合同的订立与履约保证

7.1 按照施工规范的要求，为了确保工程质量和进度，双方商定的人员、设备必须足额到位（人员、设备一览表附后）。

7.2 合同签订时，乙方自愿向甲方交纳本合同价款10%的履约保证金，计人民币____元。

7.3 乙方若不能按甲方开工通知书规定的最后期限将甲方要求的人员、设备全部到位，则视乙方单方面解除合同，不影响甲方再寻求新的合作单位，交纳的履约保证金甲方不再返还，以补偿由此给甲方造成的损失。

8. 施工与设计变更

8.1 乙方必须按时完成甲方下达的工程施工计划，同时应书面报告当月计划执行情况以及超额或未完成计划的原因，甲方收到报告后提出意见，给予批准或提出修改意见交乙方执行。

8.2 施工中如发现设计有错误的地方，乙方应及时以书面形式报告甲方，由甲方负责处理。乙方应按修改或变更后的设计进行施工，若发生费用增减，则调整合同总价。

8.3 甲方如需变更设计，必须发出正式变更通知书，乙方予以实施，若由此引起费用增减，则调整合同总价。

9. 工程交验

工程交验应以国家及地方颁发的有关规定、标准和施工图纸、说明书、施工技术文件等为依据。凡因乙方施工原因造成的工程不合格或有质量缺陷，由乙方无偿处理，并承担与此相关的责任，或由甲方进行修理，费用由乙方承担。

10. 工程价款的结算与支付

10.1 结算程序

10.1.1 中间支付：每月甲方上报到业主的计量批复之后，甲方根据合同附表中相应项目的单价及乙方实际完成的工程数量计算乙方的工程价款。办理结算时，应从乙方工程款中扣除5%作为质量保证金；乙方在办理结算时应出具相应的票据。

其次，甲方支付给乙方的工程款应全部用于本工程，不得挪作它用。否则甲方有权暂停支付工程款，其所造成的一切后果由乙方自行承担。

10.1.2 完工结算：

乙方办理完工结算须具备以下条件：a 按协议要求完成所有工程；b 工程经验收合格；c 上交甲方所要求整理的所有技术资料；d 办理完退场手续；e 向甲方提供与当地是否存在经济纠纷的有关证明（如村委会的签字和盖章）。具备上述条件后，甲乙双方共同签署《合同履约清单》（见附件），甲方为乙方办理完工结算，并向乙方支付除质量保证金外的工程款及履约保证金。支付的最后期限为竣工验收之日起____个月内付清。

10.1.3 最终结算：质保期满，甲方同业主办理完质量保证金退还手续后，由甲方通知乙方办理有关乙方质量保证金的退还手续，并在____个月内付清。

10.2 因乙方原因致使合同不能履行或在合同未履行完又未经甲方同意而乙方擅自停工或撤离现场时，甲方有权终止合同，另行安排队伍施工。甲方在对乙方已完工程量进行结算时，按合同单价的70%进行结算。

10.3 乙方使用甲方施工机械设备，必须签订租赁合同，费用从乙方工程款中扣除。

10.4 营业税、城市维护建设税、教育费附加由甲方代交，结算时，从甲方付给乙方的工程款中等额扣除。

11. 解决纠纷的办法

在合同履行过程中如发生纠纷，双方应及时协商解决，协商不成时，双方自愿约定向甲方所在地有管辖权的人民法院起诉。

12. 附则

12.1 合同签订后，甲乙双方如需提出补充或修改时，经双方协商一致后可以签订补充合同，补充合同具有同等法律效力。

12.2 本合同的所有附件，均作为合同的组成部分。

12.3 此合同自双方代表签字盖章并在甲方收到乙方交纳的履约保证金后生效，至工程竣工验收完毕，保修期满并结清款项后自动失效。

12.4 本合同一式六份，甲方执五份，乙方执一份。

甲方单位：（盖章）　　　　乙方单位：（盖章）

甲方代表：（签字）　　　　乙方代表：（签字）

日期：　　年　　月　　日

（三）混凝土拌和站劳务承包合同

甲方：

乙方：

根据《中华人民共和国合同法》和《建筑安装工程承包条例》以及有关规定和甲方与业主签订的《合同协议书》，结合本工程的具体情况，为明确甲乙双方在施工过程中的权利义务关系，在公正公平、互惠互利的基础上，经甲乙双方协商一致，签订本合同，以望共同遵守。

1. 工程概况及合同价款

1.1 工程项目名称：

1.2 工程地点：

1.3 工程内容及工程数量：

1.3.1 工程内容：①场地硬化；②浆砌料场隔板、隔墙；③浇筑搅拌设备基座的全部工作；④拌和站安装与拆除；⑤计量衡器的安装与拆除；⑥临时设施的搭建与拆除；⑦装载机上料、拌和、出料。

1.3.2 工程数量：数量见《工程数量及单价一览表》。结算时以甲方、监理、业主确认且实际发生的工程数量为准。

1.4 承包方式：以单价形式实行承包，承包单价涵盖 1.3.1 条所包括的全部内容，单价见《工程数量及单价一览表》。

1.5 单价说明：《工程数量及单价一览表》中的单价费用包括：a 设备和人员进退场费用；b 现场施工人员的食宿；c 生活、施工用水、用电；d 临时征地和复耕费；e 临时用电线路架设费；f 施工便道修筑、硬化、养护、管理费；g 施工用所有设备（含油费）的使用、租赁、维修费用；h 各种材料费用以及小型机具费；i 现场技术管理、原始资料、技术资料整理费用；j 现场试验仪器和测量仪器的配备以及现场试验检测费；k 为完成本合同工程内容所做的一切准备工作、辅助工作和服务工作的费用；l 缺陷修复、管理、保险等费用，以及合同明示或暗示的所有责任、义务和一般风险。

1.6 合同价款：

2. 工程期限

根据工程总工期要求，合同双方商定该工程工期为____天，自____年____月____日开工，至____年____月____日完工。

2.2 开工前____天，甲方向乙方发出开工通知书。乙方如不能按约定开工日期开始施工，应在开工日期____天前，以书面形式向甲方提出延期开工的理由和要求，未经甲方书面同意，则工期不予顺延，并由乙方承担未按时开工造成的损失。

2.3 如有下列情况之一，经甲方签认后，工期可以相应顺延，并用书面的形式确定顺延期限（但是不能作为索赔金额的依据）：

2.3.1 甲方提供图纸不及时以及设计变更等影响正常施工。

2.3.2 因不可抗力因素而影响施工。

3. 双方的权利和义务

3.1 甲方

3.1.1 在开工前应协助乙方办理征地拆迁、施工用地、协助乙方解决施工用水、用电等，其费用由乙方负责。

3.1.2 负责办理开工报告等施工前的准备工作。

3.1.3 向乙方提供施工图纸及有关技术资料，必要时进行技术交底。

3.1.4 向乙方下达施工进度计划并对乙方的工程进度和质量进行监督，对工程数量进行签认。

3.1.5 由甲方供应的材料、设备，甲方应按时组织供应，以满足工程进度的需要。甲方供应材料详见附表《材料供应一览表》。

3.1.6 甲方应尽可能向乙方提供混凝土用量月计划或日计划。当日需要混凝土的，应至少提前____小时通知乙方。

3.1.7 如果乙方严重违反合同，甲方提出又不加以改正，致使合同难以履行时，甲方有权采取一切措施直至终止合同，并视情节轻重，追究乙方法律责任。

3.1.8 从全局利益出发，在遇有紧急情况或突发事件时，有权对乙方的人员和设备进行统一调配和无偿使用。

3.1.9 对乙方在劳务施工过程中发生的一切对外经济活动所造成的后果，乙方自负，甲方不负任何责任。

3.2 乙方

3.2.1 要严格遵守国家的政策、法令和法规，及地方政府的规定。

3.2.2 不得擅自将承包的工程分包或转包给其他人，否则甲方有权解除合同并追究乙方的法律责任和经济责任。

3.2.3 必须服从甲方管理人员的安排，并完成甲方及业主的质量进度要求。

3.2.4 做好施工场地的平整、施工界区内的施工用水、用电、道路、管线的敷设、临时设施的建设管理、使用和维修。

3.2.5 根据甲乙双方初步协商，乙方拟投入本工程施工的人员和设备，应在本合同签定后____日内全部到达施工现场，并通知甲方有关负责人到现场清点签认，同时提供相应的证书。如果乙方上述人员和机械设备在施工过程中需要发生变动，乙方应提前____日书面通知甲方，并征得甲方项目经理同意，否则视乙方违约。

3.2.6 每月向甲方提供材料设备进场计划和施工用水用电计划。

3.2.7 每月必须以书面的形式将合同履行情况上报甲方项目经理部。

3.2.8 按甲方要求上报各种技术文件和资料、报表。

3.2.9 保质、保量、按期完成本合同规定的全部工程内容，全部工程必须达到本合同第5条规定的质量要求。

3.2.10 负责处理好地方关系，避免与地方发生不必要的经济纠纷。否则，造成的一切后果和损失由乙方承担。

3.2.11 乙方在施工过程中，要保证承包范围的场内外的环境不被污染。否则，造成的一切后果和损失由乙方承担。

3.2.12 根据工程需要，负责维修施工用电照明、看守围拦和警示标志等施工防护设施。另外，施工造成的水土流失，污染农田、鱼塘以及因施工车辆造成的道路、农作物污染，均由乙方负责处理解决，费用自理。

3.2.13 工程竣工之后，乙方应进行场地清理平整，做到工完场清，并协助提供交工验收的有关资料。

3.2.14 在甲方的指导下全力做好与文明施工相关的所有工作，包括各种彩旗标语的安放布置、施工人员的着装要求、废渣废料的合理堆放与及时清理及施工现场的交通管制工作等，其费用由乙方自理。

3.2.15 本工程所属政府或上级有关部门规定的税、费及办证费用由乙方承担。

4. 工程材料设备的供应与验收

4.1 本工程由甲方供应的材料为________________，乙方应提前10天向甲方提出材料书面供应计划，甲方根据乙方计划、工程进度及定额需要向乙方供应，经双方点验签证后，由乙方保管使用。材料费用在结算时按合同规定的单价计算，并在甲方支付给乙方的工程款中扣除。

4.2 甲方供应以外的其他材料由乙方自行采购。甲方供应或乙方自行采购的材料、设备，必须附有产品合格证书才能用于本工程，材料由实验室检查合格后方可使用，设备由设备部门验收。

4.3 严禁使用不合格材料，甲方如果发现不合格材料时，有权下达停工令，造成的损失由乙方承担。

4.4 为保证施工的顺利进行，凡由甲方供应的主要材料，乙方不得擅自变卖或挪作它用，一旦发现，按____%处以罚款。情节严重者，甲方有权终止合同，乙方必须赔偿由此而发生的一切经济损失。

4.5 由甲方提供给乙方的主要材料，场内运输由乙方负责。

5. 工程质量

5.1 本工程质量要求分项工程合格率100%，单位工程验收合格率100%，并达到甲方要求的创优目标及企业质量目标。

5.2 乙方应严格按照施工图纸、说明、技术交底和国家颁发的有关施工技术规范、标准的有效版本进行施工，并接受甲方现场代表的监督、检查和指导。

5.3 甲方提供或乙方代购的材料、设备、构件、配件、成品或半成品必须有质量合格证，并经检验合格后方可用于本工程。对材料改变或代换必须经甲方同意并签发正式书面通知书后，方可用于本工程。

①水泥：应符合现行国家标准，并附有厂家的水泥品质试验报

告等合格证明文件。水泥进场后，应按其品种、强度、证明文件及出厂时间等情况分批进行检查验收和堆放，对所用水泥进行复查试验；散装水泥应采用水泥罐储存；水泥如受潮或存放时间超过3个月，应重新取样检验，并按其复验结果使用。

②砂子：应采用级配良好，质地坚硬，颗粒洁净，粒径小于5mm的砂子。砂子的含泥量应不大于3%。

③石料：应按产地、类别和规格的不同情况，分批进行检验和堆放，不得混杂，施工前应对所用的石料进行碱活性检验。

④水：拌和用的水不应含有影响水泥正常凝结与硬化的有害物质。

⑤外加剂：所采用的外加剂必须是经过有关部门检验并附有检验合格证明的产品，其质量应符合现行《混凝土外加剂》(GB8076)的规定。

配制混凝土时，应根据结构情况和施工条件确定混凝土拌和物的坍落度。混凝土拌和料应拌和均匀。

5.4 在施工中如发生质量问题及事故，不得擅自处理或继续施工，并应及时报告甲方。

5.5 因乙方原因工程质量达不到规定的质量标准的，乙方应承担违约责任并进行返工或返修或报废处理，由此造成的全部损失由乙方负担。

5.6 甲方对乙方工程质量的检查与验收，不能免除乙方的质量责任，任何质量缺陷及因此造成的损失由乙方承担。

6. 安全责任

6.1 乙方保证轻伤率在2%以内，重伤率在3‰以内，杜绝人身伤亡事故及重大安全事故。

6.2 乙方施工前应制订安全制度，对职工进行安全生产教育，施工中必须按有关规定设置和佩带安全防护器材，严格遵守安全操作规程，确保施工安全，乙方在施工中造成的人身伤亡及财产损坏事故，及其对第三方造成的人身和财物损害，一切责任由乙方自行负担，并不得因此影响工期。

7. 合同的订立与履约保证

7.1 按照施工规范的要求，为了确保工程质量和进度，双方商定的人员、设备必须足额到位（人员、设备一览表附后）。

7.2 合同签订时，乙方自愿向甲方交纳本合同价款10%的履约保证金，计人民币____元。

7.3 乙方若不能按甲方开工通知书规定的最后期限将甲方要求的人员、设备全部到位，则视乙方单方面解除合同，不影响甲方再寻求新的合作单位，交纳的履约保证金甲方不再返还，以补偿由此给甲方造成的损失。

8. 施工与设计变更

8.1 乙方必须按时完成甲方下达的工程施工计划，同时应书面报告当月计划执行情况以及超额完成或未完成计划的原因，甲方收到报告后提出意见，给予批准或提出修改意见交乙方执行。

8.2 施工中如发现设计有错误的地方，乙方应及时以书面形式报告甲方，由甲方负责处理。乙方应按修改或变更后的设计进行施工，若发生费用增减，则调整合同总价。

8.3 甲方如需变更设计，必须发出正式变更通知书，由乙方予以实施，由此引起的费用增减，则调整合同总价。

9. 工程交验

工程交验应以国家及地方颁发的有关规定、标准和施工图纸、说明书、施工技术文件等为依据。凡因乙方施工原因造成的工程不合格或有质量缺陷，由乙方无偿处理，并承担与此相关的责任，或由甲方进行修理，费用由乙方承担。

10. 工程价款的结算与支付

10.1 结算程序：

10.1.1 中间支付：每月甲方上报到业主的计量批复之后，甲方根据合同附表中相应项目的单价及乙方实际完成的工程数量计算乙方的工程价款。办理结算时，应从乙方工程款中扣除 5 % 作为质量保证金；乙方在办理结算时应出具相应的票据。

其次，甲方支付给乙方的工程款应全部用于本工程，不得挪作它用，否则甲方有权暂停支付工程款，其所造成的一切后果由乙方自行承担。

10.1.2 完工结算：

乙方办理完工结算须具备以下条件：a 按协议要求完成所有工程；b 工程经验收合格；c 上交甲方所要求整理的所有技术资料；d 办理完退场手续；e 向甲方提供与当地是否存在经济纠纷的有关证明（如村委会的签字和盖章）。具备上述条件后，甲乙双方共同签署《合同履约清单》（见附件），甲方为乙方办理完工结算，并向乙方支付除质量保证金外的工程款及履约保证金。支付的最后期限为竣工验收之日起____个月内付清。

10.1.3 最终结算：质保期满，甲方同业主办理完质量保证金退还手续后，由甲方通知乙方办理有关乙方质量保证金的退还手续，并在____个月内付清。

10.2 因乙方原因致使合同不能履行或在合同未履行完又未经甲方同意而乙方擅自停工或撤离现场时，甲方有权终止合同，另行安排队伍施工。甲方在对乙方已完工程量进行结算时，按合同单价的 70% 进行结算。

10.3 乙方使用甲方施工机械设备，必须签订租赁合同，费用从乙方工程款中扣除。

10.4 营业税、城市维护建设税、教育费附加由甲方代交，结算时，从甲方付给乙方的工程款中等额扣除。

11. 解决纠纷的办法

在合同履行过程中如发生纠纷，双方应及时协商解决，协商不成时，双方自愿约定向甲方所在地有管辖权的人民法院起诉。

12. 附则

12.1 合同签订后，甲乙双方如需提出补充或修改时，经双方协商一致后可以签订补充合同，补充合同具有同等法律效力。

12.2 本合同的所有附件，均作为合同的组成部分。

12.3 此合同自双方代表签字盖章后生效，至工程竣工验收完毕，保修期满并结清款项后自动失效。

12.4 本合同一式六份，甲方执五份，乙方执一份。

甲方单位：（盖章）　　　　乙方单位：（盖章）

甲方代表：（签字）　　　　乙方代表：（签字）

日期：　　年　　月　　日

（四）水泥稳定碎石基层摊铺工程劳务承包合同

甲方：

乙方：

根据《中华人民共和国合同法》和《建筑安装工程承包条例》以及有关规定和甲方与业主签订的《合同协议书》，结合本工程的具体情况，为明确甲乙双方在施工过程中的权利义务关系，在公正公平、互惠互利的基础上，经甲乙双方协商一致，签订本合同，以望共同遵守。

1. 工程概况及合同价款

1.1 工程项目名称：

1.2 工程地点：

1.3 工程内容及工程数量：

1.3.1 承包工程内容：前台培路肩、粒料运输、底基层表面洒水润湿、摊铺机铺筑、碾压、质量控制、养生。

1.3.2 承包工程数量：暂按图纸工程数量，数量见《工程数量及单价一览表》。结算时，合同内工程以甲方、监理、业主确认且实际发生的工程数量为准；合同外工程，乙方应做好原始资料，经甲方及监理工程师签字认可、业主批复后再按合同单价办理结算。否则，甲方不予结算。

1.4 承包方式：以单价形式实行承包，承包单价涵盖 1.3.1 条所包括的全部内容，单价见《工程数量及单价一览表》。

1.5 合同价款：

2. 工程期限

2.1 根据工程总工期要求，合同双方商定该工程工期为____天，自

____年____月____日开工，至____年____月____日完工。

2.2 开工前____天，甲方向乙方发出开工通知书。乙方如不能按约定开工日期开始施工，应在开工日期____天前，以书面形式向甲方提出延期开工的理由和要求，未经甲方书面同意，则工期不予顺延，并由乙方承担未按时开工造成的损失。

2.3 如有下列情况之一，经甲方签认后，工期可以相应顺延，并用书面的形式确定顺延期限（但是不能作为索赔金额的依据）：

2.3.1 甲方提供图纸不及时以及设计变更等影响正常施工。

2.3.2 不可抗力因素而影响施工。

2.4 乙方的施工进度应满足合同工期的要求，如不能按期完工，每逾期一天按合同总价的____‰偿付逾期违约金。

3. 双方的权利和义务

3.1 甲方

3.1.1 在开工前应协助乙方办理征地拆迁、施工用地、协助乙方解决施工用水、用电等，其费用由乙方负责。

3.1.2 负责办理开工报告等施工前的准备工作。

3.1.3 向乙方提供施工图纸及有关技术资料，必要时进行技术交底。

3.1.4 向乙方下达施工进度计划并对乙方的工程进度和质量进行监督，对工程数量进行签认。

3.1.5 按合同规定由甲方供应的材料、设备，甲方应按时组织供应，以满足工程进度的需要。

3.1.6 开工前向乙方做好交桩工作。

3.1.7 如果乙方严重违反合同，甲方提出又不加以改正，致使合同难以履行时，甲方有权采取一切措施直至终止合同，并视情节轻重，追究乙方法律责任。

3.1.8 从全局利益出发，在遇有紧急情况或突发事件时，有权对乙方的人员和设备进行统一调配和无偿使用。

3.1.9 对乙方在劳务施工过程中发生的一切对外经济活动所造成的后果，乙方自负，甲方不负任何责任。

3.2 乙方

3.2.1 要严格遵守国家的政策、法令和法规，及地方政府的规定。

3.2.2 不得擅自将承包的工程分包或转包给其他人，否则甲方有权解除合同并追究乙方的法律责任和经济责任。

3.2.3 必须服从甲方管理人员的安排，并完成甲方及业主的质量进度要求。

3.2.4 做好施工场地的平整、施工界区内的施工用水、用电、道路、管线的敷设、临时设施的建设管理、使用和维修。

3.2.5 根据甲乙双方初步协商，乙方拟投入本工程施工的人员和设备，应在本合同签订后____日内全部到达施工现场，并通知甲方有关负责人到现场清点签认，同时提供相应的证书。如果乙方上述人员和机械设备在施工过程中需要发生变动，乙方应提前____日书面通知甲方，并征得甲方项目经理同意，否则视乙方违约。

3.2.6 每月向甲方提供材料设备进场计划和施工用水用电计划。

3.2.7 每月必须以书面的形式将合同履行情况上报甲方项目经理部。

3.2.8 自备车辆接送监理抽检。

3.2.9 按甲方要求上报各种有关技术文件和资料、报表。

3.2.10 保质、保量、按期完成本合同规定的全部工程内容，包括设计变更和增加工程。全部工程必须达到本合同第4条规定的质量要求。

3.2.11 负责处理好地方关系，避免与地方发生不必要的经济纠纷。否则，造成的一切后果和损失由乙方承担。

3.2.12 乙方在施工过程中，要保证承包范围的场内外的环境不污染。否则，造成的一切后果和损失由乙方承担。

3.2.13 根据工程需要，负责维修施工用电照明、看守围拦和警示标志等施工防护设施。另外，施工造成的水土流失，污染农田、鱼塘以及因施工车辆造成的道路、农作物污染，均由乙方负责处理解决，费用自理。

3.2.14 工程竣工之后，乙方应进行场地清理平整，做到工完场清，并协助提供交工验收有关资料。在本工程未交付甲方前，应负责已完工程的保护工作，若有损坏，应自费予以修复。

3.2.15 在甲方的指导下全力做好与文明施工相关的所有工作，包括各种彩旗标语的安放布置、施工人员的着装要求、废渣废料的合理堆放与及时清理及施工现场的交通管制工作等，其费用由乙方自理。

3.2.16 本工程所属政府或上级有关部门规定的税、费及办证费用由乙方承担。

4. 工程质量

4.1 本工程质量要求分项工程合格率 100%，单位工程验收合格率 100%，并达到甲方要求的创优目标及企业质量目标。

4.2 乙方应严格按照施工图纸、说明、技术交底和国家颁发的有关施工技术规范、标准的有效版本进行施工，并接受甲方现场代表的监督、检查和指导。

4.3 甲方提供或乙方代购的材料、设备、构件、配件、成品或半成品必须有质量合格证，并经检验合格后方可用于本工程。对材料改变或代换必须经甲方同意并签发正式书面通知书后，方可用于本工程。

4.4 在施工中如发生质量问题及事故，不得擅自处理或继续施工，并应及时报告甲方。

4.5 因乙方原因工程质量达不到规定质量标准的，乙方应承担违约责任并进行返工或返修或报废处理，由此造成的全部损失由乙方负担。

4.6 甲方对乙方工程质量的检查与验收，不能免除乙方的质量责任，任何质量缺陷及因此造成的损失由乙方承担。

5. 安全责任

5.1 乙方保证轻伤率在2%以内，重伤率在3‰以内，杜绝人身伤亡事故及重大安全事故。

5.2 乙方施工前应制订安全制度，对职工进行安全生产教育，施工中必须按有关规定设置和佩带安全防护器材，严格遵守安全操作规程，确保施工安全，乙方在施工中造成的人身伤亡及财产损坏事故，及其对第三方造成的人身和财物损害，一切责任由乙方自行负担，并不得因此影响工期。

5.3 凡在公路或地方道路附近施工，乙方必须设置警告标志，配备施工安全员，并确保既有公路或地方道路的正常通行。

6. 合同的订立与履约保证

6.1 按照施工规范的要求，为了确保工程质量和进度，双方商定的人员、设备必须足额到位（人员、设备一览表附后）。

6.2 乙方若不能按甲方开工通知书规定的最后期限将甲方要求的人员、设备全部到位，则视乙方单方面解除合同，不影响甲方再寻求新的合作单位，并追究乙方的经济责任。

7. 施工与设计变更

7.1 乙方必须按时完成甲方下达的工程施工计划，同时应书面报告当月计划执行情况以及超额或未完成计划的原因，甲方收到报告后提出意见，给予批准或提出修改意见交乙方执行。

7.2 乙方负责施工中的现场管理，甲方所交桩点，乙方必须注意保护。

7.3 施工中如发现设计有错误的地方，乙方应及时以书面形式报告甲方，由甲方负责处理。乙方应按修改或变更后的设计进行施工，若发生费用增减，则调整合同总价。

7.4 甲方如需变更设计，必须发出正式变更通知书，由乙方予以实施，由此引起的费用增减，则调整合同总价。

8. 工程交验

工程交验应以国家及地方颁发的有关规定、标准和施工图纸、说明书、施工技术文件等为依据。凡因乙方施工原因造成的工程不合格或有质量缺陷，由乙方无偿处理，并承担与此相关的责任，或由甲方进行修理，费用由乙方承担。

9. 工程价款的结算与支付

9.1 结算程序：

9.1.1 中间支付：每月甲方上报到业主的计量批复之后，甲方根据合同附表中相应项目的单价及乙方实际完成的工程数量计算乙方的工程价款。办理结算时，应从乙方工程款中扣除5%作为质量保证金；乙方在办理结算时应出具相应的票据。

其次，甲方支付给乙方的工程款应全部用于本工程，不得挪作它用，否则甲方有权暂停支付工程款，其所造成的一切后果由乙方自行承担。

9.1.2 完工结算：

乙方办理完工结算须具备以下条件：a 按协议要求完成所有工程；b 工程经验收合格；c 上交甲方所要求整理的所有技术资料；d 办理完退场手续；e 向甲方提供与当地是否存在经济纠纷的有关证明（如村委会的签字和盖章）。具备上述条件后，甲乙双方共同签署《合同履约清单》（见附件），甲方为乙方办理完工结算，并向乙方支付除质量保证金外的工程款及履约保证金。支付的最后期限为竣工验收之日起____个月内付清。

9.1.3 最终结算：质保期满，甲方同业主办理完质量保证金退还手续后，由甲方通知乙方办理有关乙方质量保证金的退还手续，并在____个月内付清。

9.2 因乙方原因致使合同不能履行或在合同未履行完又未经甲方同意而乙方擅自停工或撤离现场时，甲方有权终止合同，另行安排队伍施工。甲方在对乙方已完工程量进行结算时，按合同单价的70%进行结算。

9.3 乙方使用甲方施工机械设备，必须签订租赁合同，费用从乙方工程款中扣除。

9.4 营业税、城市维护建设税、教育费附加由甲方代交，结算时，从甲方付给乙方的工程款中等额扣除。

10. 解决纠纷的办法

在合同履行过程中如发生纠纷，双方应及时协商解决，协商不成时，双方自愿约定向甲方所在地有管辖权的人民法院起诉。

11. 附则

11.1 合同签订后，甲乙双方如需提出补充或修改时，经双方协商一致后可以签订补充合同，补充合同具有同等法律效力。

11.2 本合同的所有附件，均作为合同的组成部分。

11.3 此合同自双方代表签字盖章并在甲方收到乙方交纳的履约保证金后生效，至工程竣工验收完毕，保修期满并结清款项后自动失效。

11.4 本合同一式六份，甲方执五份，乙方执一份。

甲方单位：（盖章）　　　　　　乙方单位：（盖章）

甲方代表：（签字）　　　　　　　　乙方代表：（签字）

日期：　年　月　日

（五）水泥稳定碎石基层施工劳务承包合同

甲方：

乙方：

根据《中华人民共和国合同法》和《建筑安装工程承包条例》以及有关规定和甲方与业主签订的《合同协议书》，结合本工程的具体情况，为明确甲乙双方在施工过程中的权利义务关系，在公正公平、互惠互利的基础上，经甲乙双方协商一致，签订本合同，以望共同遵守。

1. 工程概况及合同价款

1.1 工程项目名称：

1.2 工程地点：

1.3 工程内容及工程数量：

1.3.1 工程内容：①粒料拌和站架设动力线路、供水线路，硬化场地，拌和设备的安装、拆除，料场至施工现场便道的维护。②购买石料、水泥等原材料，拌和站上料拌和、混合料运输至施工现场。③前台培路肩，摊铺机铺筑、碾压、质量控制、养生。④现场测量及试验工作。⑤内业资料整理填报并经监理签字后交甲方存档。

1.3.2 工程数量：暂按图纸工程数量，数量见《工程数量及单价一览表》。结算时，合同内工程以甲方、监理、业主确认且实际发生的工程数量为准；合同外工程，乙方应做好原始资料，经甲方及监理工程师签字认可、业主批复后再按合同单价办理结算。否则，甲方不予结算。

1.4 承包方式：以单价形式实行承包，承包单价涵盖 1.3.1 条所包括的全部内容，单价见《工程数量及单价一览表》。

1.5 单价说明：《工程数量及单价一览表》中的单价费用包括：a 设备和人员进退场费用；b 现场施工人员的食宿；c 生活、施工用水、用电；d 临时征地和复耕费；e 临时用电线路架设费；f 施工便道修筑、硬化、养护、管理费；g 施工用所有设备（含油费）的使用、租赁、维修费用；h 各种材料费用以及小型机具费；i 现场技术管理、原始资料、技术资料整理费用；j 现场试验仪器和测量仪器的配备以及现场试验检测费；k 为完成本合同工程内容所做的一切准备工作、辅助工作和服务工作的费用；l 缺陷修复、管理、保险等费用，以及合同明示或暗示的所有责任、义务和一般风险。

1.6 合同价款：

2. 工程期限

2.1 根据工程总工期要求，合同双方商定该工程工期为____个月，自____年____月____日开工，至______年____月____日完工。

2.2 开工前____天，甲方向乙方发出开工通知书。乙方如不能按约定开工日期开始施工，应在开工日期____天前，以书面形式向甲方提出延期开工的理由和要求，未经甲方书面同意，则工期不予顺延，并由乙方承担未按时开工造成的损失。

2.3 如有下列情况之一，经甲方签认后，工期可以相应顺延，并用书面的形式确定顺延期限（但是不能作为索赔金额的依据）：

2.3.1 甲方提供图纸不及时以及设计变更等影响正常施工。

2.3.2 因不可抗力因素影响施工。

2.4 乙方的施工进度应满足合同工期的要求，如不能按期完工，每逾期一天按合同总价的____‰偿付逾期违约金。

3. 双方的权利和义务

3.1 甲方

3.1.1 在开工前应协助乙方办理征地拆迁、施工用地、协助乙方解决施工用水、用电等，其费用由乙方负责。

3.1.2 负责办理开工报告等施工前的准备工作。

3.1.3 向乙方提供施工图纸及有关技术资料，必要时进行技术交底。

3.1.4 向乙方下达施工进度计划并对乙方的工程进度和质量进行监督，对工程数量进行签证。

3.1.5 按合同规定由甲方供应的材料、设备，甲方应按时组织供应，以满足工程进度的需要。甲方供应材料详见附表《材料供应一览表》。

3.1.6 开工前向乙方做好交桩工作。如果有必要，甲方可向乙方提供试验测量服务，满足乙方施工需要，其费用由乙方承担。

3.1.7 如果乙方严重违反合同，甲方提出又不加以改正，致使合同难以履行时，甲方有权采取一切措施直至终止合同，并视情节轻重，追究乙方法律责任。

3.1.8 从全局利益出发，在遇有紧急情况或突发事件时，有权对乙方的人员和设备进行统一调配和无偿使用。

3.1.9 对乙方在劳务施工过程中发生的一切对外经济活动所造成的后果，乙方自负，甲方不负任何责任。

3.2　乙方

3.2.1 要严格遵守国家的政策、法令和法规，及地方政府的规定。

3.2.2 不得擅自将该承包的工程分包或转包给其他人，否则甲方有权解除本承包合同并没收其履约保证金。

3.2.3 必须服从甲方管理人员的安排，并完成甲方及业主的质量进度要求。

3.2.4 做好施工场地的平整、施工界区内的施工用水、用电、道路、管线的敷设、临时设施的建设管理、使用和维修。

3.2.5 根据甲乙双方初步协商，乙方拟投入本工程施工的人员和设备，应在本合同签订后____日内全部到达施工现场，并通知甲方有关负责人到现场清点签认，同时提供相应的证书。如果乙方上述人员和机械设备在施工过程中需要发生变动，乙方应提前____日书面通知甲方，并征得甲方项目经理同意，否则视乙方违约。

3.2.6 每月向甲方提供材料设备进场计划和施工用水用电计划。

3.2.7 每月必须以书面的形式将合同履行情况上报甲方项目经理部。

3.2.8 自备车辆接送监理抽检。

3.2.9 按甲方要求上报各种有关技术文件和资料、报表。

3.2.10 保质、保量、按期完成本合同规定的全部工程内容，包括设计变更和增加工程。全部工程必须达到本合同第 5 条规定的质量要求。

3.2.11 负责处理好地方关系，避免与地方发生不必要的经济纠纷。否则，造成的一切后果和损失由乙方承担。

3.2.12 乙方在施工过程中，要保证承包范围的场内外的环境不污染。否则，造成的一切后果和损失由乙方承担。

3.2.13 根据工程需要，负责维修施工用的照明、看守围拦和警示标志等施工防护设施。另外，施工造成的水土流失，污染农田、鱼塘以及因施工车辆造成的道路、农作物污染，均由乙方负责处理解决，费用自理。

3.2.14 工程竣工之后，乙方应进行场地清理平整，做到工完场清，并协助提供交工验收有关资料。在本工程未交付甲方前，应负责已完工程的保护工作，若有损坏，应自费予以修复。

3.2.15 在甲方的指导下全力做好与文明施工相关的所有工作，包括各种彩旗标语的安放布置、施工人员的着装要求、废渣废料的合理堆放与及时清理及施工现场的交通管制工作等，其费用由乙方自理。

3.2.16 本工程所属政府或上级有关部门规定的税、费及办证费用由乙方承担。

4. 工程材料设备的供应与验收

4.1 本工程由甲方供应的材料为____________，乙方应提前 10 天向甲方提出材料书面供应计划，甲方根据乙方计划、工程进度及定额需要向乙方供应，经双方点验签证后，由乙方保管使用。材料费用在结算时按合同规定的单价计算，并在甲方支付给乙方的工程款中扣除。

4.2 甲方供应以外的其他材料由乙方自行采购。甲方供应或乙方自行采购的材料、设备，必须附有产品合格证书才能用于本工程，材料由实验室检查合格后方可使用，设备由设备部门验收。

4.3 严禁使用不合格材料，甲方如果发现不合格材料时，有权下达停工令，造成的损失由乙方承担。

4.4 为保证施工的顺利进行，凡由甲方供应的主要材料，乙方不得擅自变卖或挪作它用，一旦发现，按____%处以罚款，情节严重者，甲方有权终止合同，乙方必须赔偿由此发生的一切经济损失。

4.5 由甲方提供给乙方的主要材料，场内运输由乙方负责。

5. 工程质量

5.1 本工程质量要求分项工程合格率 100%，单位工程验收合格率 100%，并达到甲方要求的创优目标及企业质量目标。

5.2 乙方应严格按照施工图纸、说明、技术交底和国家颁发的有关施工技术规范、标准的有效版本进行施工，并接受甲方现场代表的监督、检查和指导。

5.3 甲方提供或乙方采购的材料、设备、构件、配件、成品或半成品必须有质量合格证，并经检验合格后方可用于本工程。对材料改变或代换必须经甲方同意并签发正式书面通知书后，方可用于本工程。

5.4 在施工中如发生质量问题及事故，不得擅自处理或继续施工，并应及时报告甲方。

5.5 因乙方原因工程质量达不到规定的质量标准的，乙方应承担违约责任并进行返工、返修或报废处理，由此造成的全部损失由乙方负担。

5.6 甲方对乙方工程质量的检查与验收，不能免除乙方的质量责任，任何质量缺陷及因此造成的损失由乙方承担。

6. 安全责任

6.1 乙方保证轻伤率在2%以内，重伤率在3‰以内，杜绝人身伤亡事故及重大安全事故。

6.2 乙方施工前应制订安全制度，对职工进行安全生产教育，施工中必须按有关规定设置和佩带安全防护器材，严格遵守安全操作规程，确保施工安全，乙方在施工中造成的人身伤亡及财产损坏事故，及其对第三方造成的人身和财物损害，一切责任由乙方自行负担，并不得因此影响工期。

6.3 凡在公路和地方道路附近施工，乙方必须设置警告标志，配备施工安全员，并确保既有公路和地方道路的正常通行。

7. 合同的订立与履约保证

7.1 按照施工规范的要求，为了确保工程质量和进度，双方商定的人员、设备必须足额到位（人员、设备一览表附后）。

7.2 合同签订时，乙方自愿向甲方交纳本合同价款10%的履约保证金，计人民币____元。

7.3 乙方若不能按甲方开工通知书规定的最后期限将甲方要求的人员、设备全部到位，则视为乙方单方面解除合同，不影响甲方再寻求新的合作单位，交纳的履约保证金甲方不再返还，以补偿由此给甲方造成的损失。

8. 施工与设计变更

8.1 乙方必须按时完成甲方下达的工程施工计划，同时应书面报告当月计划执行情况以及超额完成或未完成计划的原因，甲方收到报告后提出意见，给予批准或提出修改意见交乙方执行。

8.2 乙方负责施工中的现场管理，甲方所交桩点，乙方必须注意保护。

8.3 施工中如发现设计有错误的地方，乙方应及时以书面形式报告甲方，由甲方负责处理。乙方应按修改或变更后的设计进行施工，若发生费用增减，则调整合同总价。

8.4 甲方如需变更设计，必须发出正式变更通知书，乙方予以实施，由此引起的费用增减，则调整合同总价。

9. 工程交验

工程交验应以国家及地方颁发的有关规定、标准和施工图纸、说明书、施工技术文件等为依据。凡因乙方施工原因造成的工程不合格或有质量缺陷，由乙方无偿处理，并承担与此相关的责任，或由甲方进行修理，费用由乙方承担。

10. 工程价款的结算与支付

10.1 结算程序：

10.1.1 中间支付：每月甲方上报到业主的计量批复之后，甲方根据合同附表中相应项目的单价及乙方实际完成的工程数量计算乙方的工程价款。办理结算时，应从乙方工程款中扣除 5 % 作为质量保证金；乙方在办理结算时应出具相应的票据。

其次，甲方支付给乙方的工程款应全部用于本工程，不得挪作它用，否则甲方有权暂停支付工程款，其所造成的一切后果由乙方自行承担。

10.1.2 完工结算：

乙方办理完工结算须具备以下条件：a 按协议要求完成所有工程；b 工程经验收合格；c 上交甲方所要求整理的所有技术资料；

d 办理完退场手续；e 向甲方提供与当地是否存在经济纠纷的有关证明（如村委会的签字和盖章）。具备上述条件后，甲乙双方共同签署《合同履约清单》（见附件），甲方为乙方办理完工结算，并向乙方支付除质量保证金外的工程款及履约保证金。支付的最后期限为竣工验收之日起____个月内付清。

10. 1. 3 最终结算：质保期满，甲方同业主办理完质量保证金退还手续后，由甲方通知乙方办理有关乙方质量保证金的退还手续，并在____个月内付清。

10. 2 因乙方原因致使合同不能履行或在合同未履行完又未经甲方同意而乙方擅自停工或撤离现场时，甲方有权终止合同，另行安排队伍施工。甲方在对乙方已完工程量进行结算时，按合同单价的 70% 进行结算。

10. 3 乙方使用甲方施工机械设备，必须签订租赁合同，费用从乙方工程款中扣除。

10. 4 营业税、城市维护建设税、教育费附加由甲方代交，结算时，从甲方支付给乙方的工程款中等额扣除。

11. 解决纠纷的办法

在合同履行过程中如发生纠纷，双方应及时协商解决，协商不成时，双方自愿约定向甲方所在地有管辖权的人民法院起诉。

12. 附则

12. 1 本合同签订后，甲乙双方如需提出补充或修改时，经双方协商一致后可以签订补充合同，补充合同具有同等法律效力。

12. 2 本合同的所有附件，均作为合同的组成部分。

12. 3 此合同自双方代表签字盖章并在甲方收到乙方交纳的履约保证金后生效，至工程竣工验收完毕，保修期满并结清款项后自动失效。

12.4 本合同一式六份，甲方执五份，乙方执一份。

甲方单位：（盖章）　　　　　　　　　　乙方单位：（盖章）

甲方代表：（签字）　　　　　　　　　　乙方代表：（签字）

日期：　　年　　月　　日

（六）

甲方：

乙方：

根据《中华人民共和国合同法》和《建筑安装工程承包条例》以及有关规定和甲方与业主签地订的《合同协议书》，结合本工程的具体情况，为明确甲乙双方在施工过程中的权利义务关系，在公正公平、互惠互利的基础上，经甲乙双方协商一致，签订本合同，以望共同遵守。

1. 工程概况及合同价款

1.1 工程项目名称：

1.2 工程地点：

1.3 工程内容及工程数量：

1.3.1 工程内容：①粒料拌和站架设动力线路、供水线路，硬化场地，拌和设备的安装、调试、拆除，料场至施工现场便道的修筑和维护。②购买石料、水泥等原材料，拌和站上料拌和、出料。③配合比的控制及检测。

1.3.2 工程数量：暂按图纸工程数量，数量见《工程数量及单价一览表》。结算时，合同内工程以甲方、监理、业主确认且实际发生的工程数量为准；合同外工程，乙方应做好原始资料，经甲方及监理工程师签字认可、业主批复后再按合同单价办理结算。否则，甲方不予结算。

1.4 承包方式：以单价形式实行承包，承包单价涵盖 1.3.1 条所包括的全部内容，单价见《工程数量及单价一览表》。

1.5 单价说明：《工程数量及单价一览表》中的单价费用包括：a 设备和人员进退场费用；b 现场施工人员的食宿；c 生活、施工用水、用电；d 临时征地和复耕费；e 临时用电线路架设费；f 施工便道修筑、硬化、养护、管理费；g 施工用所有设备（含油费）的使用、租赁、维修费用；h 各种材料费用以及小型机具费；i 现场技术管理、原始资料、技术资料整理费用；j 现场试验仪器和测量仪器的配备以及现场试验检测费；k 为完成本合同工程内容所做的一切准备工作、辅助工作和服务工作的费用；l 缺陷修复、管理、保险等费用，以及合同明示或暗示的所有责任、义务和一般风险。

1.6 合同价款：

2. 工程期限

2.1 根据工程总工期要求，合同双方商定该工程工期为____天，自____年____月____日开工，至____年____月____日完工。

2.2 开工前____天，甲方向乙方发出开工通知书。乙方如不能按约定开工日期开始施工，应在开工日期____天前，以书面形式向甲方提出延期开工的理由和要求，未经甲方书面同意，则工期不予顺延，并由乙方承担未按时开工造成的损失。

2.3 如有下列情况之一，经甲方签认后，工期可以相应顺延，并用书面的形式确定顺延期限（但是不能作为索赔金额的依据）：

2.3.1 甲方提供图纸不及时以及设计变更等影响正常施工。

2.3.2 因不可抗力因素影响施工。

2.4 乙方的施工进度应满足合同工期的要求，如不能按期完工，每逾期一天按合同总价的____‰偿付逾期违约金。

3. 双方的权利和义务

3.1 甲方

3.1.1 在开工前应协助办理征地拆迁、施工用地、协助乙方解决施工用水、用电等，其费用由乙方负责。

3.1.2 负责办理开工报告等施工前的准备工作。

3.1.3 向乙方提供施工图纸及有关技术资料，必要时进行技术交底。

3.1.4 向乙方下达施工进度计划并对乙方的工程进度和质量进行监督，对工程数量进行签证。

3.1.5 按合同规定由甲方供应的材料、设备，甲方应按时组织供应，以满足工程进度的需要。甲方供应材料详见附表《材料供应一览表》。

3.1.6 甲方应尽可能向乙方提供水泥稳定碎石混合料的月用量计划和日用量计划，当日需用混合料应至少提前5小时通知乙方。

3.1.7 如果乙方严重违反合同，甲方提出又不加以改正，致使合同难以履行时，甲方有权采取一切措施直至终止合同，并视情节轻重，追究乙方法律责任。

3.1.8 从全局利益出发，在遇有紧急情况或突发事件时，有权对乙方的人员和设备进行统一调配和无偿使用。

3.1.9 对乙方在劳务施工过程中发生的一切对外经济活动所造成的后果，乙方自负，甲方不负任何责任。

3.2 乙方

3.2.1 要严格遵守国家的政策、法令和法规，及地方政府的规定。

3.2.2 不得擅自将承包的工程分包或转包给其他人，否则甲方有权解除承包合同并没收其履约保证金。

3.2.3 必须服从甲方管理人员的安排，并完成甲方及业主的质量进度要求。

3.2.4 做好施工场地的平整、施工界区内的施工用水、用电、道路、管线的敷设、临时设施的建设管理、使用和维修。

3.2.5 根据甲乙双方初步协商，乙方拟投入本工程施工的人员和设备，应在本合同签订后____日内全部到达施工现场，并通知甲方有关负责人到现场清点签认，同时提供相应的证书。如果乙方上述人员和机械设备在施工过程中需要发生变动，乙方应提前____日书面通知甲方，并征得甲方项目经理同意，否则视乙方违约。

3.2.6 每月向甲方提供材料设备进场计划和施工用水用电计划。

3.2.7 每月必须以书面的形式将合同履行情况上报甲方项目经理部。

3.2.8 按甲方要求上报各种有关技术文件和资料、报表。

3.2.9 保质、保量、按期完成本合同规定的全部工程内容，包括设计变更和增加工程。全部工程必须达到本合同第 5 条规定的质量要求。

3.2.10 负责处理好地方关系，避免与地方发生不必要的经济纠纷。否则，造成的一切后果和损失由乙方承担。

3.2.11 乙方在施工过程中，要保证承包范围的场内外的环境不污染。否则，造成的一切后果和损失由乙方承担。

3.2.12 根据工程需要，负责维修施工用电照明、看守围拦和警示标志等施工防护设施。另外，施工造成的水土流失，污染农田、鱼塘以及因施工车辆造成的道路、农作物污染，均由乙方负责处理解决，费用自理。

3.2.13 工程竣工之后，乙方应进行场地清理平整，做到工完场清，并协助提供交工验收有关资料。

3.2.14 在甲方的指导下全力做好与文明施工相关的所有工作，包括各种彩旗标语的安放布置、施工人员的着装要求、废渣废料的合理堆放与及时清理及施工现场的交通管制工作等，其费用由乙方自理。

3.2.15 本工程所属政府或上级有关部门规定的税、费及办证费用由乙方承担。

4. 工程材料设备的供应与验收

4.1 本工程由甲方供应的材料为＿＿＿＿＿＿，乙方应提前10天向甲方提出材料书面供应计划，甲方根据乙方计划、工程进度及定额需要向乙方供应，经双方点验签证后，由乙方保管使用。材料费用在结算时按合同规定的单价计算，并在甲方支付给乙方的工程款中扣除。

4.2 甲方供应以外的其他材料由乙方自行采购。甲方供应或乙方自行采购的材料、设备，必须附有产品合格证书才能用于本工程，材料由实验室检查合格后方可使用，设备由设备部门验收。

4.3 严禁使用不合格材料，甲方如果发现不合格材料时，有权下达停工令，造成的损失由乙方承担。

4.4 为保证施工的顺利进行，凡由甲方供应的主要材料，乙方不得擅自变卖或挪作它用，一旦发现，按＿＿%处以罚款，情节严重者，甲方有权终止合同，乙方必须赔偿由此而发生的一切经济损失。

4.5 由甲方提供给乙方的主要材料，场内运输由乙方负责。

5. 工程质量

5.1 本工程质量要求分项工程合格率100%，单位工程验收合格率100%，并达到甲方要求的创优目标及企业质量目标。

5.2 乙方应严格按照施工图纸、说明、技术交底和国家颁发的有关施工技术规范、标准的有效版本进行施工，并接受甲方现场代表的监督、检查和指导。

5.3 甲方提供或乙方自购的材料、设备、构件、配件、成品或半成品必须有质量合格证，并经检验合格后方可用于本工程。对材料改变或代换必须经甲方同意并签发正式书面通知书后，方可用于本工程。

5.4 在施工中如发生质量问题及事故，不得擅自处理或继续施工，并应及时报告甲方。

5.5 因乙方原因工程质量达不到规定的质量标准的，乙方应承担违约责任并进行返工或返修或报废处理，由此造成的全部损失由乙方负担。

5.6 甲方对乙方工程质量的检查与验收，不能免除乙方的质量责任，任何质量缺陷及因此造成的损失由乙方承担。

6. 安全责任

6.1 乙方保证轻伤率在2%以内，重伤率在3‰以内，杜绝人身伤亡事故及重大安全事故。

6.2 乙方施工前应制订安全制度，对职工进行安全生产教育，施工中必须按有关规定设置和佩带安全防护器材，严格遵守安全操作规程，确保施工安全，乙方在施工中造成的人身伤亡及财产损坏事故，及其对第三方造成的人身和财物损害，一切责任由乙方自行负担，并不得因此影响工期。

6.3 凡在公路或地方道路附近施工，乙方必须设置施工安全员和警告标志，并确保既有公路和地方道路的正常通行。

7. 合同的订立与履约保证

7.1 按照施工规范的要求，为了确保工程质量和进度，双方商定的人员、设备必须足额到位（人员、设备一览表附后）。

7.2 合同签订时，乙方自愿向甲方交纳本合同价款10%的履约保证金，计人民币____元。

7.3 乙方若不能按甲方开工通知书规定的最后期限将甲方要求的人员、设备全部到位，则视为乙方单方面解除合同，不影响甲方再寻求合作单位，交纳的履约保证金甲方不再返还，以补偿由此给甲方造成的损失。

8. 施工与设计变更

8.1 乙方必须按时完成甲方下达的工程施工计划，同时应书面报告当月计划执行情况以及超额或未完成计划的原因，甲方收到报告后提出意见，给予批准或提出修改意见交乙方执行。

8.2 乙方负责施工中的现场管理，甲方所交桩点，乙方必须注意保护。

8.3 施工中如发现设计有错误的地方，乙方应及时以书面形式报告甲方，由甲方负责处理。乙方应按修改或变更后的设计进行施工，若发生费用增减，则调整合同总价。

8.4 甲方如需变更设计，必须发出正式变更通知书，由乙方予以实施，由此引起费用增减，则调整合同总价。

9. 工程交验

工程交验应以国家及地方颁发的有关规定、标准和施工图纸、说明书、施工技术文件等为依据。凡因乙方施工原因造成的工程不合格或有质量缺陷，由乙方无偿处理，并承担与此相关的责任，或由甲方进行修理，费用由乙方承担。

10. 工程价款的支付与结算

10.1 结算程序：

10.1.1 中间支付：每月甲方上报到业主的计量批复之后，甲方根据合同附表中相应项目的单价及乙方实际完成的工程数量计算乙方的工程价款。办理结算时，应从乙方工程款中扣除 5 % 作为质量保证金；乙方在办理结算时应出具相应的票据。

其次，甲方支付给乙方的工程款应全部用于本工程，不得挪作它用，否则甲方有权暂停支付工程款，其所造成的一切后果由乙方自行承担。

10.1.2 完工结算：

乙方办理完工结算须具备以下条件：a 按协议要求完成所有工程；b 工程经验收合格；c 上交甲方所要求整理的所有技术资料；d 办理完退场手续；e 向甲方提供与当地是否存在经济纠纷的有关证明（如村委会的签字和盖章）。具备上述条件后，甲乙双方共同签署《合同履约清单》（见附件），甲方为乙方办理完工结算，并向乙方支付除质量保证金外的工程款及履约保证金。支付的最后期限为竣工验收之日起____个月内付清。

10.1.3 最终结算：质保期满，甲方同业主办理完质量保证金退还手续后，由甲方通知乙方办理有关乙方质量保证金的退还手续，并在____个月内付清。

10.2 因乙方原因致使合同不能履行或在合同未履行完又未经甲方同意而乙方擅自停工或撤离现场时，甲方有权终止合同，另行安排队伍施工。甲方在对乙方已完工程量进行结算时，按合同单价的70%进行结算。

10.3 乙方使用甲方施工机械设备，必须签订租赁合同，费用从乙方工程款中扣除。

10.4 营业税、城市维护建设税、教育费附加由甲方代交，结算时，从甲方支付给乙方的工程款中等额扣除。

11. 解决纠纷的办法

在合同履行过程中如发生纠纷，双方应及时协商解决，协商不成时，双方自愿约定向甲方所在地有管辖权的人民法院起诉。

12. 附则

12.1 本合同签订后，甲乙双方如需提出补充或修改时，经双方协商一致后可以签订补充合同，补充合同具有同等法律效力。

12.2 本合同的所有附件，均作为合同的组成部分。

12.3 此合同自双方代表签字盖章并在甲方收到乙方交纳的履约保

证金后生效，至工程竣工验收完毕，保修期满并结清款项后自动失效。

12.4 本合同一式六份，甲方执五份，乙方执一份。

甲方单位：（盖章）　　　　　　　　乙方单位：（盖章）

甲方代表：（签字）　　　　　　　　乙方代表：（签字）

日期：　　年　　月　　日

（七）石灰土底基层施工劳务承包合同

甲方：

乙方：

根据《中华人民共和国合同法》和《建筑安装工程承包条例》以及有关规定和甲方与业主签订的《合同协议书》，结合本工程的具体情况，为明确甲乙双方在施工过程中的权利义务关系，在公正公平、互惠互利的基础上，经甲乙双方协商一致，签订本合同，以望共同遵守。

1. 工程概况及合同价款

1.1 工程项目名称：

1.2 工程地点：

1.3 工程内容及工程数量：

1.3.1 工程内容：①拌和站架设动力线路、供水线路，硬化场地，拌和设备的安装、拆除，料场至施工现场便道的维护。②购买原材料，拌和站上料拌和、混合料运输至施工现场。③前台培路肩，铺筑、碾压、质量控制、养生。④现场测量及试验工作。⑤内业资料整理填报并经监理签字后交甲方存档。

1.3.2 工程数量：暂按图纸工程数量，数量见《工程数量及单价一览表》。结算时，合同内工程以甲方、监理、业主确认且实际发生的工程数量为准；合同外工程，乙方应做好原始资料，经甲方及监理工程师签字认可、业主批复后再按合同单价办理结算。否则，甲方不予结算。

1.4 承包方式：以单价形式实行承包，承包单价涵盖1.3.1条所包括的全部内容，单价见《工程数量及单价一览表》。

1.5 单价说明：《工程数量及单价一览表》中的单价费用包括：a 设备和人员进退场费用；b 现场施工人员的食宿；c 生活、施工用水、用电；d 临时征地和复耕费；e 临时用电线路架设费；f 施工便道修筑、硬化、养护、管理费；g 施工用所有设备（含油费）的使用、租赁、维修费用；h 各种材料费用以及小型机具费；i 现场技术管理、原始资料、技术资料整理费用；j 现场试验仪器和测量仪器的配备以及现场试验检测费；k 为完成本合同工程内容所做的一切准备工作、辅助工作和服务工作的费用；l 缺陷修复、管理、保险等费用，以及合同明示或暗示的所有责任、义务和一般风险。

1.6 合同价款：

2. 工程期限

2.1 根据工程总工期要求，合同双方商定该工程工期为____个月，自______年____月____日开工，至______年____月____日完工。

2.2 开工前____天，甲方向乙方发出开工通知书。乙方如不能按约定开工日期开始施工，应在开工日期____天前，以书面形式向甲方提出延期开工的理由和要求，未经甲方书面同意，则工期不予顺延，并由乙方承担未按时开工造成的损失。

2.3 如有下列情况之一，经甲方签认后，工期可以相应顺延，并用书面的形式确定顺延期限（但是不能作为索赔金额的依据）：

2.3.1 甲方提供图纸不及时以及设计变更等影响正常施工。

2.3.2 因不可抗力因素影响施工。

2.4 乙方的施工进度应满足合同工期的要求，如不能按期完工，每逾期一天按合同总价的____‰偿付逾期违约金。

3. 双方的权利和义务

3.1 甲方

3.1.1 在开工前应协助乙方办理征地拆迁、施工用地、协助乙方解决施工用水、用电等，其费用由乙方负责。

3.1.2 负责办理开工报告等施工前的准备工作。

3.1.3 向乙方提供施工图纸及有关技术资料，必要时进行技术交底。

3.1.4 向乙方下达施工进度计划并对乙方的工程进度和质量进行监督，对工程数量进行签证。

3.1.5 按合同规定由甲方供应的材料、设备，甲方应按时组织供应，以满足工程进度的需要。甲方供应材料详见附表《材料供应一览表》。

3.1.6 开工前向乙方做好交桩工作。如果有必要，甲方可向乙方提供试验测量服务，满足乙方施工需要，其费用由乙方承担。

3.1.7 如果乙方严重违反合同，甲方提出又不加以改正，致使合同难以履行时，甲方有权采取一切措施直至终止合同，并视情节轻重，追究乙方法律责任。

3.1.8 从全局利益出发，在遇有紧急情况或突发事件时，有权对乙方的人员和设备进行统一调配和无偿使用。

3.1.9 对乙方在劳务施工过程中发生的一切对外经济活动所造成的后果，乙方自负，甲方不负任何责任。

3.2 乙方

3.2.1 要严格遵守国家的政策、法令和法规，及地方政府的规定。

3.2.2 不得擅自将该承包的工程分包或转包给其他人，否则甲方有权解除本承包合同并没收其履约保证金。

3.2.3 必须服从甲方管理人员的安排，并完成甲方及业主的质量进度要求。

3.2.4 做好施工场地的平整、施工界区内的施工用水、用电、道路、管线的敷设、临时设施的建设管理、使用和维修。

3.2.5 根据甲乙双方初步协商，乙方拟投入本工程施工的人员和设备，应在本合同签定后____日内全部到达施工现场，并通知甲方有关负责人到现场清点签认，同时提供相应的证书。如果乙方上述人员和机械设备在施工过程中需要发生变动，乙方应提前____日书面通知甲方，并征得甲方项目经理同意，否则视乙方违约。

3.2.6 每月向甲方提供材料设备进场计划和施工用水用电计划。

3.2.7 每月必须以书面的形式将合同履行情况上报甲方项目经理部。

3.2.8 自备车辆接送监理抽检。

3.2.9 按甲方要求上报各种技术文件和资料、报表。

3.2.10 保质、保量、按期完成本合同规定的全部工程内容，包括设计变更和增加工程。全部工程必须达到本合同第5条规定的质量要求。

3.2.11 负责处理好地方关系，避免与地方发生不必要的经济纠纷。否则，造成的一切后果和损失由乙方承担。

3.2.12 乙方在施工过程中，要保证承包范围的场内外的环境不污染。否则，造成的一切后果和损失由乙方承担。

3.2.13 根据工程需要，负责维修施工用电照明、看守围拦和警示标志等施工防护设施。另外，施工造成的水土流失，污染农田、鱼塘以及因施工车辆造成的道路、农作物污染，均由乙方负责处理解决，费用自理。

3.2.14 工程竣工之后，乙方应进行场地清理平整，做到工完场清，并协助提供交工验收有关资料。在本工程未交付甲方前，应负责已完工程的保护工作，若有损坏，应自费予以修复。

3.2.15 在甲方的指导下全力做好与文明施工相关的所有工作，包括各种彩旗标语的安放布置、施工人员的着装要求、废渣废料的合理堆放与及时清理及施工现场的交通管制工作等，其费用由乙方自理。

3.2.16 本工程所属政府或上级有关部门规定的税、费及办证费用由乙方承担。

4. 工程材料设备的供应与验收

4.1 本工程由甲方供应的材料为______________，乙方应提前10天向甲方提出材料书面供应计划，甲方根据乙方计划、工程进度及定额需要向乙方供应，经双方点验签证后，由乙方保管使用。材料费用在结算时按合同规定的单价计算，并在甲方支付给乙方的工程款中扣除。

4.2 甲方供应以外的其他材料由乙方自行采购。甲方供应或乙方自行采购的材料、设备，必须附有产品合格证书才能用于本工程，材料由实验室检查合格后方可使用，设备由设备部门验收。

4.3 严禁使用不合格材料，甲方如果发现不合格材料时，有权下达停工令，造成的损失由乙方承担。

4.4 为保证施工的顺利进行，凡由甲方供应的主要材料，乙方不得擅自变卖或挪作它用，一旦发现，按____%处以罚款。情节严重者，甲方有权终止合同，乙方必须赔偿由此而发生的一切经济损失。

4.5 由甲方提供给乙方的主要材料，场内运输由乙方负责。

5. 工程质量

5.1 本工程质量要求分项工程合格率100%，单位工程验收合格率100%，并达到甲方要求的创优目标及企业质量目标。

5.2 乙方应严格按照施工图纸、说明、技术交底和国家颁发的有关施工技术规范、标准的有效版本进行施工，并接受甲方现场代表的监督、检查和指导。

5.3 甲方提供或乙方采购的材料、设备、构件、配件、成品或半成品必须有质量合格证，并经检验合格后方可用于本工程。对材料改变或代换必须经甲方同意并签发正式书面通知书后，方可用于本工程。

5.4 在施工中如发生质量问题及事故，不得擅自处理或继续施工，并应及时报告甲方。

5.5 因乙方原因工程质量达不到规定的质量标准的，乙方应承担违约责任并进行返工、返修或报废处理，由此造成的全部损失由乙方负担。

5.6 甲方对乙方工程质量的检查与验收，不能免除乙方的质量责任，任何质量缺陷及因此造成的损失由乙方承担。

6. 安全责任

6.1 乙方保证轻伤率在2%以内，重伤率在3‰以内，杜绝人身伤亡事故及重大安全事故。

6.2 乙方施工前应制订安全制度，对职工进行安全生产教育，施工中必须按有关规定设置和佩带安全防护器材，严格遵守安全操作规程，确保施工安全，乙方在施工中造成的人身伤亡及财产损坏事故，及其对第三方造成的人身和财物损害，一切责任由乙方自行负担，并不得因此影响工期。

6.3 凡在公路和地方道路附近施工，乙方必须设置警告标志，配备施工安全员，并确保既有公路和地方道路的正常通行。

7. 合同的订立与履约保证

7.1 按照施工规范的要求，为了确保工程质量和进度，双方商定的人员、设备必须足额到位（人员、设备一览表附后）。

7.2 合同签订时，乙方自愿向甲方交纳本合同价款10%的履约保证金，计人民币____元。

7.3 乙方若不能按甲方开工通知书规定的最后期限将甲方要求的人员、设备全部到位，则视为乙方单方面解除合同，不影响甲方再寻求新的合作单位，交纳的履约保证金甲方不再返还，以补偿由此给甲方造成的损失。

8. 施工与设计变更

8.1 乙方必须按时完成甲方下达的工程施工计划，同时应书面报告当月计划执行情况以及超额或未完成计划的原因，甲方收到报告后提出意见，给予批准或提出修改意见交乙方执行。

8.2 乙方负责施工中的现场管理，甲方所交桩点，乙方必须注意保护。

8.3 施工中如发现设计有错误的地方，乙方应及时以书面形式报告甲方，由甲方负责处理。乙方应按修改或变更后的设计进行施工，若发生费用增减，则调整合同总价。

8.4 甲方如需变更设计，必须发出正式变更通知书，乙方予以实施，由此引起的费用增减，则调整合同总价。

9. 工程交验

工程交验应以国家及地方颁发的有关规定、标准和施工图纸、说明书、施工技术文件等为依据。凡因乙方施工原因造成的工程不合格或有质量缺陷，由乙方无偿处理，并承担与此相关的责任，或由甲方进行修理，费用由乙方承担。

10. 工程价款的结算与支付

10.1 结算程序：

10.1.1 中间支付：每月甲方上报到业主的计量批复之后，甲方根据合同附表中相应项目的单价及乙方实际完成的工程数量计算乙方的工程价款。办理结算时，应从乙方工程款中扣除 5 % 作为质量保证金；乙方在办理结算时应出具相应的票据。

其次，甲方支付给乙方的工程款应全部用于本工程，不得挪作它用，否则甲方有权暂停支付工程款，其所造成的一切后果由乙方自行承担。

10.1.2 完工结算：

乙方办理完工结算须具备以下条件：a 按协议要求完成所有工程；b 工程经验收合格；c 上交甲方所要求整理的所有技术资料；d 办理完退场手续；e 向甲方提供与当地是否存在经济纠纷的有关证明（如村委会的签字和盖章）。具备上述条件后，甲乙双方共同签署《合同履约清单》（见附件），甲方为乙方办理完工结算，并向乙方支付除质量保证金外的工程款及履约保证金。支付的最后期限为竣工验收之日起____个月内付清。

10.1.3 最终结算：质保期满，甲方同业主办理完质量保证金退还手续后，由甲方通知乙方办理有关乙方质量保证金的退还手续，并在____个月内付清。

10.2 因乙方原因致使合同不能履行或在合同未履行完又未经甲方同意而乙方擅自停工或撤离现场时，甲方有权终止合同，另行安排队伍施工。甲方在对乙方已完工程量进行结算时，按合同单价的 70% 进行结算。

10.3 乙方使用甲方施工机械设备，必须签订租赁合同，费用从乙方工程款中扣除。

10.4 营业税、城市维护建设税、教育费附加由甲方代交，结算时，从甲方支付给乙方的工程款中等额扣除。

11. 解决纠纷的办法

在合同履行过程中如发生纠纷，双方应及时协商解决，协商不成时，双方自愿约定向甲方所在地有管辖权的人民法院起诉。

12. 附则

12.1 本合同签订后，甲乙双方如需提出补充或修改时，经双方协商一致后可以签订补充合同，补充合同具有同等法律效力。

12.2 本合同的所有附件，均作为合同的组成部分。

12.3 此合同自双方代表签字盖章并在甲方收到乙方交纳的履约保证金后生效，至工程竣工验收完毕，保修期满并结清款项后自动失效。

12.4 本合同一式六份，甲方执五份，乙方执一份。

甲方单位：（盖章）　　　　乙方单位：（盖章）

甲方代表：（签字）　　　　乙方代表：（签字）

日期：　年　月　日

（八）桥梁工程劳务承包合同

甲方：

乙方：

根据《中华人民共和国合同法》和《建筑安装工程承包条例》以及有关规定和甲方与业主签订的《合同协议书》，结合本工程的具体情况，为明确甲乙双方在施工过程中的权利义务关系，在公正公平、互惠互利的基础上，经甲乙双方协商一致，签订本合同，以望共同遵守。

1. 工程概况及合同价款

1.1 工程项目名称：

1.2 工程地点：

1.3 工程内容及工程数量：

1.3.1 工程内容：①合同清单内包括的桥梁工程应有的全部工作内容（详见附表《工程项目及单价一览表》）。②现场测量及试验工作。③内业资料整理填报并经监理签字后交甲方存档。

1.3.2 工程数量：暂按图纸工程数量，数量见《工程数量及单价一览表》。结算时，合同内工程以甲方、监理、业主确认且实际发生的工程数量为准；合同外工程，乙方应做好原始资料，经甲方及监理工程师签字认可、业主批复后再按合同单价办理结算。否则，甲方不予结算。

1.4 承包方式：以单价形式实行承包，承包单价涵盖1.3.1条所包括的全部内容，单价见《工程数量及单价一览表》。

1.5 单价说明：《工程数量及单价一览表》中的单价费用包括：a设备和人员进退场费用；b现场施工人员的食宿；c生活、施工用水、用电；d临时征地和复耕费；e临时用电线路架设费；f施工便道修筑、硬化、养护、管理费；g施工用所有设备（含油费）的使用、租赁、维修费用；h各种材料费用以及小型机具费；i现场技术管理、原始资料、技术资料整理费用；j现场试验仪器和测量仪器的配备以及现场试验检测费；k为完成本合同工程内容所做的一切准备工作、辅助工作和服务工作的费用；l缺陷修复、管理、保险等费用，以及合同明示或暗示的所有责任、义务和一般风险。

1.6 合同价款：

2. 工程期限

2.1 根据工程总工期要求，合同双方商定该工程工期为____个月，自______年____月____日开工，至____年____月____日完工。

2.2 开工前____天，甲方向乙方发出开工通知书。乙方如不能按约定开工日期开始施工，应在开工日期____天前，以书面形式向甲方提出延期开工的理由和要求，未经甲方书面同意，则工期不予顺延，并由乙方承担未按时开工造成的损失。

2.3 如有下列情况之一，经甲方签认后，工期可以相应顺延，并用书面的形式确定顺延期限（但是不能作为索赔金额的依据）：

2.3.1 甲方提供图纸不及时以及设计变更等影响正常施工。

2.3.2 因不可抗力因素影响施工。

2.4 乙方的施工进度应满足合同工期的要求，如不能按期完工，每逾期一天按合同总价的____‰偿付逾期违约金。

3. 双方的权利和义务

3.1 甲方

3.1.1 在开工前应协助乙方办理征地拆迁、施工用地、协助乙方解决施工用水、用电等，其费用由乙方负责。

3.1.2 负责办理开工报告等施工前的准备工作。

3.1.3 向乙方提供施工图纸及有关技术资料，必要时进行技术交底。

3.1.4 向乙方下达施工进度计划并对乙方的工程进度和质量进行监督，对工程数量进行签认。

3.1.5 按合同规定由甲方供应的材料、设备，甲方应按时组织供应，以满足工程进度的需要。甲方供应材料详见附表《材料供应一览表》。

3.1.6 开工前向乙方做好交桩工作。如果有必要，甲方可向乙方提供试验测量服务，满足乙方施工需要，其费用由乙方承担。

3.1.7 如果乙方严重违反合同，甲方提出后又不加以改正，致使合同难以履行时，甲方有权采取一切措施直至终止合同，并视情节轻重，追究乙方法律责任。

3.1.8 从全局利益出发，在遇有紧急情况或突发事件时，有权对乙方的人员和设备进行统一调配和无偿使用。

3.1.9 对乙方在劳务施工过程中发生的一切对外经济活动所造成的后果，乙方自负，甲方不负任何责任。

3.2 乙方

3.2.1 要严格遵守国家的政策、法令和法规，及地方政府的规定。

3.2.2 不得擅自将承包的工程分包或转包给其他人，否则甲方有权解除承包合同并没收其履约保证金。

3.2.3 必须服从甲方管理人员的安排，并完成甲方及业主的质量进度要求。

3.2.4 做好施工场地的平整、施工界区内的施工用水、用电、道路、管线的敷设、临时设施的建设管理、使用和维修。

3.2.5 根据甲乙双方初步协商，乙方拟投入本工程施工的人员和设备（详见附表），应在本合同签定后____日内全部到达施工现场，并通知甲方有关负责人到现场清点签认，同时提供相应的证书。如果乙方上述人员和机械设备在施工过程中需要发生变动，乙方应提前____日书面通知甲方，并征得甲方项目经理同意，否则视乙方违约。

3.2.6 每月向甲方提供材料设备进场计划和施工用水用电计划。

3.2.7 每月必须以书面的形式将合同履行情况上报甲方项目经理部。

3.2.8 自备车辆接送监理抽检。

3.2.9 按甲方要求上报各种有关技术文件和资料、报表。

3.2.10 保质、保量、按期完成本合同规定的全部工程内容，包括设计变更和增加工程。全部工程必须达到本合同第5条规定的质量要求。

3.2.11 负责处理好地方关系，避免与地方发生不必要的经济纠纷。否则，造成的一切后果和损失由乙方承担。

3.2.12 按照文明施工的要求，泥浆池要规范合理，满足合同环保要求，以避免泥浆外流冲毁便道和农田。否则，所造成的损失由乙方承担。

3.2.13 乙方在施工过程中，要保证承包范围的场内外的环境不扬尘。否则，造成的一切后果和损失由乙方承担。

3.2.14 根据工程需要，负责维修施工用电照明、看守围拦和警示标志等施工防护设施。另外，施工造成的水土流失，污染农田、鱼塘以及因施工车辆造成的道路、农作物污染，均由乙方负责处理解决，费用自理。

3.2.15 工程竣工之后，乙方应进行场地清理平整，做到工完场清，并协助提供交工验收有关资料。在本工程未交付甲方前，应负责已完工程的保护工作。若有损坏，应自费予以修复。

3.2.16 乙方在施工中如发现文物或古迹等，应做好其保护工作，并及时通知甲方，由甲方与文物部门联系，不可擅自处理或继续进行施工。

3.2.17 在甲方的指导下全力做好与文明施工相关的所有工作，包括各种彩旗标语的安放布置、施工人员的着装要求、废渣废料的合理堆放与及时清理及施工现场的交通管制工作等，其费用由乙方自理。

3.2.18 本工程所属政府或上级有关部门规定的税、费及办证费用由乙方承担。

4. 工程材料设备的供应与验收

4.1 本工程由甲方供应的材料或半成品为＿＿＿＿＿＿＿，乙方应提前10天向甲方提出材料书面供应计划，甲方根据乙方计划、工程进度及定额需要向乙方供应，经双方点验签证后，由乙方保管使用。材料费用在结算时按合同规定的单价（见附表）计算，并在甲方支付给乙方的工程款中扣除，基桩声测费用按照业主所列费用从工程款中扣除。

4.2 甲方供应以外的其他材料由乙方自行采购。甲方供应或乙方自行采购的材料、设备，必须附有产品合格证书才能用于本工程，材料由实验室检查合格后方可使用，设备由设备部门验收。

4.3 严禁使用不合格材料，甲方如果发现不合格材料时，有权下达停工令，造成的损失由乙方承担。

4.4 为保证施工的顺利进行，凡由甲方供应的主要材料，乙方不得擅自变卖或挪作它用，一旦发现，按____%处以罚款。情节严重者，甲方有权终止合同，乙方必须赔偿由此而发生的一切经济损失。

4.5 由甲方提供给乙方的主要材料，场内运输由乙方负责。

5. 工程质量

5.1 本工程质量要求分项工程合格率100%，单位工程验收合格率100%，并达到甲方要求的创优目标及企业质量目标。

5.2 乙方应严格按照施工图纸、说明、技术交底和国家颁发的有关施工技术规范、标准的有效版本进行施工，并接受甲方现场代表的监督、检查和指导。

5.3 甲方提供或乙方采购的材料、设备、构件、配件、成品或半成品必须有质量合格证，并经检验合格后方可用于本工程。对材料改变或代换必须经甲方同意并签发正式书面通知书后，方可用于本工程。

5.4 在施工中如发生质量问题及事故，不得擅自处理或继续施工，并应及时报告甲方。

5.5 因乙方原因工程质量达不到规定的质量标准的，乙方应承担违约责任并进行返工、返修或报废处理，由此造成的全部损失由乙方负担。

5.6 甲方对乙方工程质量的检查与验收，不能免除乙方的质量责任，任何质量缺陷及因此造成的损失由乙方承担。

6. 安全责任

6.1 乙方保证轻伤率在2%以内，重伤率在3‰以内，杜绝人身伤亡事故及重大安全事故。

6.2 乙方施工前应制订安全制度，对职工进行安全生产教育，施工中必须按有关规定设置和佩带安全防护器材，严格遵守安全操作规程，确保施工安全，乙方在施工中造成的人身伤亡及财产损坏事故，及其对第三方造成的人身和财物损害，一切责任由乙方自行负担，并不得因此影响工期。

6.3 凡在公路或地方道路附近施工，乙方必须设置警告标志，配备施工安全员，并确保既有公路和地方道路的正常通行。

7. 合同的订立与履约保证

7.1 按照施工规范的要求，为了确保工程质量和进度，双方商定的人员、设备必须足额到位（人员、设备一览表附后）。

7.2 合同签订时，乙方自愿向甲方交纳本合同价款10%的履约保证金，计人民币____元。

7.3 乙方若不能按甲方开工通知书规定的最后期限将甲方要求的人员、设备全部到位，则为视乙方单方面解除合同，不影响甲方再寻求新的合作单位，交纳的履约保证金甲方不再返还，以补偿由此给甲方造成的损失。

8. 施工与设计变更

8.1 乙方必须按时完成甲方下达的工程施工计划，同时应书面报告当月计划执行情况以及超额完成或未完成计划的原因，甲方收到报告后提出意见，给予批准或提出修改意见交乙方执行。

8.2 乙方负责施工中的现场管理，甲方所交桩点，乙方必须注意保护。

8.3 施工中如发现设计有错误的地方，乙方应及时以书面形式报告甲方，由甲方负责处理。乙方应按修改或变更后的设计进行施工，若发生费用增减，则调整合同总价。

8.4 甲方如需变更设计，必须作出正式变更通知书，乙方予以实施，由此引起的费用增减，则调整合同总价。

9. 工程交验

工程交验应以国家及地方颁发的有关规定，标准和施工图纸、说明书、施工技术文件等为依据。凡因乙方施工原因造成的工程不合格或有质量缺陷，由乙方无偿处理，并承担与此相关的责任，或由甲方进行修理，费用由乙方承担。

10. 工程价款的结算与支付

10.1 结算程序：

10.1.1 中间支付：每月甲方上报到业主的计量批复之后，甲方根据合同附表中相应项目的单价及乙方实际完成的工程数量计算乙方的工程价款。办理结算时，应从乙方工程款中扣除 5 % 作为质量保证金；乙方在办理结算时应出具相应的票据。

其次，甲方支付给乙方的工程款应全部用于本工程，不得挪作它用，否则甲方有权暂停支付工程款，其所造成的一切后果由乙方自行承担。

10.1.2 完工结算：

乙方办理完工结算须具备以下条件：a 按协议要求完成所有工程；b 工程经验收合格；c 上交甲方所要求整理的所有技术资料；d 办理完退场手续；e 向甲方提供与当地是否存在经济纠纷的有关证明（如村委会的签字和盖章）。具备上述条件后，甲乙双方共同签署《合同履约清单》（见附件），甲方为乙方办理完工结算，并向乙方支付除质量保证金外的工程款及履约保证金。支付的最后期限为竣工验收之日起____个月内付清。

10.1.3 最终结算：质保期满，甲方同业主办理完质量保证金退还手续后，由甲方通知乙方办理有关乙方质量保证金的退还手续，并在____个月内付清。

10.2 因乙方原因致使合同不能履行或在合同未履行完又未经甲方

同意而乙方擅自停工或撤离现场时，甲方有权终止合同，另行安排队伍施工。甲方在对乙方已完工程量进行结算时，按合同单价的70%进行结算。

10.3 乙方使用甲方施工机械设备，必须签订租赁合同，费用从乙方工程款中扣除。

10.4 营业税、城市维护建设税、教育费附加由甲方代交，结算时，从甲方支付给乙方的工程款中等额扣除。

11. 解决纠纷的办法

在合同履行过程中如发生纠纷，双方应及时协商解决，协商不成时，双方自愿约定向甲方所在地有管辖权的法院起诉。

12. 附则

12.1 本合同签订后，甲乙双方如需提出补充或修改时，经双方协商一致后可以签订补充合同，补充合同具有同等法律效力。

12.2 本合同的所有附件，均作为合同的组成部分。

12.3 此合同自双方代表签字盖章并在甲方收到乙方交纳的履约保证金后生效，至工程竣工验收完毕，保修期满并结清款项后自动失效。

12.4 本合同一式六份，甲方执五份，乙方执一份。

甲方单位：（盖章） 乙方单位：（盖章）

甲方代表：（签字） 乙方代表：（签字）

日期： 年 月 日

（九）路基土方劳务承包合同

甲方：

乙方：

根据《中华人民共和国合同法》和《建筑安装工程承包条例》以及有关规定和甲方与业主签订的《合同协议书》，结合本工程的具体情况，为明确甲乙双方在施工过程中的权利义务关系，在公正公平、互惠互利的基础上，经甲乙双方协商一致，签订本合同，以望共同遵守。

1. 工程概况及合同价款

1.1 工程项目名称：

1.2 工程地点：

1.3 工程内容及工程数量：

1.3.1 工程内容：①负责征用土场及施工范围内腐植土的清理和复耕；②施工场地内外便道的修筑、养护和洒水。③清表、挖土、装土、运土、卸土、平整、洒水、碾压、路基排水和临时流水槽修筑、边坡修整、路槽交验。④现场测量及试验工作。⑤内业资料整理填报并经监理签字后交甲方存档。

1.3.2 工程数量：暂按图纸工程数量，数量见《工程数量及单价一览表》。结算时，合同内工程以甲方、监理、业主确认且实际发生的工程数量为准；合同外工程，乙方应做好原始资料，经甲方及监理工程师签字认可、业主批复后再按合同单价办理结算。否则，甲方不予结算。

1.4 承包方式：以单价形式实行承包，承包单价涵盖1.3.1条所包括的全部内容，单价见《工程数量及单价一览表》。

1.5 单价说明：《工程数量及单价一览表》中的单价费用包括：a 设

备和人员进退场费用；b 现场施工人员的食宿；c 生活、施工用水、用电；d 临时征地和复耕费；e 临时用电线路架设费；f 施工便道修筑、硬化、养护、管理费；g 施工用所有设备（含油费）的使用、租赁、维修费用；h 各种材料费用以及小型机具费；i 现场技术管理、原始资料、技术资料整理费用；j 现场试验仪器和测量仪器的配备以及现场试验检测费；k 为完成本合同工程内容所做的一切准备工作、辅助工作和服务工作的费用；l 缺陷修复、管理、保险等费用，合同明示或暗示的所有责任、义务和一般风险。

1.6 合同价款：

2. 工程期限

2.1 根据工程总工期要求，合同双方商定该工程工期为____天，自____年____月____日开工，至____年____月____日完工。

2.2 开工前____天，甲方向乙方发出开工通知书。乙方如不能按约定开工日期开始施工，应在开工日期____天前，以书面形式向甲方提出延期开工的理由和要求，未经甲方书面同意，则工期不予顺延，并由乙方承担未按时开工造成的损失。

2.3 如有下列情况之一，经甲方确认后，工期可以相应顺延，并用书面的形式确定顺延期限（但是不能作为索赔金额的依据）：

2.3.1 甲方提供图纸不及时以及设计变更等影响正常施工。

2.3.2 因不可抗力因素影响施工。

2.4 乙方的施工进度应满足合同工期的要求，如不能按期完工，每逾期一天按合同总价的____‰偿付逾期违约金。

3. 双方的权利和义务

3.1 甲方

3.1.1 在开工前应协助乙方办理征地拆迁、施工用地、协助乙方解决施工用水、用电等，其费用由乙方负责。

3.1.2 负责办理开工报告等施工前的准备工作。

3.1.3 向乙方提供施工图纸及有关技术资料，必要时进行技术交底。

3.1.4 向乙方下达施工进度计划并对乙方的工程进度和质量进行监督，对工程数量进行签认。

3.1.5 按合同规定由甲方供应的材料、设备，甲方应按时组织供应，以满足工程进度的需要。甲方供应材料详见附表《材料供应一览表》。

3.1.6 开工前向乙方做好交桩工作。如果有必要，甲方可向乙方提供试验测量服务，满足乙方施工需要，其费用由乙方承担。

3.1.7 如果乙方严重违反合同，甲方提出又不加以改正，致使合同难以履行时，甲方有权采取一切措施直至终止合同，并视情节轻重，追究乙方法律责任。

3.1.8 从全局利益出发，在遇有紧急情况或突发事件时，有权对乙方的人员和设备进行统一调配和无偿使用。

3.1.9 对乙方在劳务施工过程中发生的一切对外经济活动所造成的后果，乙方自负，甲方不负任何责任。

3.2 乙方

3.2.1 要严格遵守国家的政策、法令和法规，及地方政府的规定。

3.2.2 不得擅自将该承包的工程分包或转包给其他人，否则由此造成的一切损失和后果由乙方承担，甲方有权解除本承包合同并没收其履约保证金。

3.2.3 必须服从甲方管理人员的安排，并完成甲方及业主的质量、进度等要求。

3.2.4 做好施工场地的平整、施工界区内的施工用水、用电、道路、管线的敷设、临时设施的建设管理、使用和维修。

3.2.5 根据甲乙双方初步协商，乙方拟投入本工程施工的人员和设备，应在本合同签订后____日内全部到达施工现场，并通知甲方有关负责人到现场清点签认，同时提供相应的证书。如果乙方上述人员和机械设备在施工过程中需要发生变动，乙方应提前____日书面通知甲方，并征得甲方项目经理同意，否则视为乙方违约。

3. 2. 6 每月向甲方提供材料设备进场计划和施工用水用电计划。

3. 2. 7 每月必须以书面的形式将合同履行情况上报甲方项目经理部。

3. 2. 8 自备车辆接送监理抽检。

3. 2. 9 按甲方要求上报各种技术文件和资料、报表。

3. 2. 10 保质、保量、按期完成本合同规定的全部工程内容，包括设计变更和增加工程。全部工程必须达到本合同第 5 条规定的质量要求。

3. 2. 11 负责处理好地方关系，避免与地方发生不必要的经济纠纷。否则，造成的一切后果和损失由乙方承担。

3. 2. 12 按照文明施工的要求，修筑的临时流水槽和排水沟要规范、整齐，以避免冲毁路基和农田。否则，发生的费用由乙方承担。

3. 2. 13 乙方在施工过程中，要保证承包范围的场内外的环境不扬尘。否则，造成的一切后果和损失由乙方承担。

3. 2. 14 乙方对取土场的复耕要满足当地政府的要求。否则，造成的一切后果和损失由乙方承担。

3. 2. 15 根据工程需要，负责维修施工用电照明、看守围拦和警示标志等施工防护设施。另外，施工造成的水土流失，污染农田、鱼塘以及因施工车辆造成的道路、农作物污染，均由乙方负责处理解决，费用自理。

3. 2. 16 工程竣工之后，乙方应进行场地清理平整，做到工完场清，并协助提供交工验收有关资料。在本工程未交付甲方前，应负责已完工程的保护工作，若有损坏，应自费予以修复。

3. 2. 17 乙方在施工中如发现文物或古迹等，应做好保护工作，并及时通知甲方，由甲方与文物部门联系，不可擅自处理或继续进行施工。

3. 2. 18 在甲方的指导下全力做好与文明施工相关的所有工作，包括各种彩旗标语的安放布置、施工人员的着装要求、废渣废料的合理堆放与及时清理及施工现场的交通管制工作等，其费用由乙方自理。

3.2.19 本工程所属政府或上级有关部门规定的税、费及办证费用由乙方承担。

4. 工程材料设备的供应与验收

4.1 本工程由甲方供应的材料为__________，乙方应提前 10 天向甲方提出材料书面供应计划，甲方根据乙方计划、工程进度及定额需要向乙方供应，经双方点验签证后，由乙方保管使用。材料费用在结算时按合同规定的单价计算，并在甲方支付给乙方的工程款中扣除。

4.2 甲方供应以外的其他材料由乙方自行采购。甲方供应或乙方自行采购的材料、设备，必须附有产品合格证书才能用于本工程，材料由实验室检查合格后方可使用，设备由设备部门验收。

4.3 严禁使用不合格材料，甲方如果发现不合格材料时，有权下达停工令，造成的损失由乙方承担。

4.4 为保证施工的顺利进行，凡由甲方供应的主要材料，乙方不得擅自变卖或挪作它用，一旦发现，按____%处以罚款，情节严重者，甲方有权终止合同，乙方必须赔偿由此而发生的一切经济损失。

4.5 由甲方提供给乙方的主要材料，场内运输由乙方负责。

5. 工程质量

5.1 本工程质量要求分项工程合格率 100%，单位工程验收合格率 100%，并达到甲方要求的创优目标及企业质量目标。

5.2 乙方应严格按照施工图纸、说明、技术交底和国家颁发的有关施工技术规范、标准的有效版本进行施工，并接受甲方现场代表的监督、检查和指导。

5.3 甲方提供或乙方代购的材料、设备、构件、配件、成品或半成品必须有质量合格证，并经检验合格后方可用于本工程。对材料改变或代换必须经甲方同意并签发正式书面通知书后，方可用于本工程。

5.4 在施工中如发生质量问题及事故，不得擅自处理或继续施工，并应及时报告甲方。

5.5 因乙方原因工程质量达不到规定的质量标准的，乙方应承担违约责任并进行返工或返修或报废处理，由此造成的全部损失由乙方负担。

5.6 甲方对乙方工程质量的检查与验收，不能免除乙方的质量责任，任何质量缺陷及因此造成的损失由乙方承担。

6. 安全责任

6.1 乙方保证轻伤率在2%以内，重伤率在3‰以内，杜绝人身伤亡事故及重大安全事故。

6.2 乙方施工前应制订安全制度，对职工进行安全生产教育，施工中必须按有关规定设置和佩带安全防护器材，严格遵守安全操作规程，确保施工安全，乙方在施工中造成的人身伤亡及财产损坏事故，及其对第三方造成的人身和财物损害，一切责任由乙方自行负担，并不得因此影响工期。

6.3 凡在公路或地方道路附近施工，乙方必须设置警告标志，配备施工安全员，并确保既有公路和地方道路的正常通行。

7. 合同的订立与履约保证

7.1 按照施工规范的要求，为了确保工程质量和进度，双方商定的人员、设备必须足额到位（人员、设备一览表附后）。

7.2 合同签订时，乙方自愿向甲方交纳本合同价款 10 % 的履约保证金，计人民币____元。

7.3 乙方若不能按甲方开工通知书规定的最后期限将甲方要求的人员、设备全部到位，则视乙方单方面解除合同，不影响甲方再寻求新的合作单位，交纳的履约保证金甲方不再返还，以补偿由此给甲方造成的损失。

8. 施工与设计变更

8.1 乙方必须按时完成甲方下达的工程施工计划，同时应书面报告当月计划执行情况以及超额完成或未完成计划的原因，甲方收到报告后提出意见，给予批准或提出修改意见交乙方执行。

8.2 乙方负责施工中的现场管理，甲方所交桩点，乙方必须注意保护。

8.3 施工中如发现设计有错误的地方，乙方应及时以书面形式报告甲方，由甲方负责处理。乙方应按修改或变更后的设计进行施工，若发生费用增减，则调整合同总价。

8.4 甲方如需变更设计，必须发出正式变更通知书，乙方予以实施，若由此引起费用增减，则调整合同总价。

9. 工程交验

工程交验应以国家及地方颁发的有关规定、标准和施工图纸、说明书、施工技术文件等为依据。凡因乙方施工原因造成的工程不合格或有质量缺陷，由乙方无偿处理，并承担与此相关的责任，或由甲方进行修理，费用由乙方承担。

10. 工程价款的结算与支付

10.1 结算程序：

10.1.1 中间支付：每月甲方上报到业主的计量批复之后，甲方根据合同附表中相应项目的单价及乙方实际完成的工程数量计算乙方的工程价款。办理结算时，应从乙方工程款中扣除5%作为质量保证金；乙方在办理结算时应出具相应的票据。

其次，甲方支付给乙方的工程款应全部用于本工程，不得挪作它用，否则甲方有权暂停支付工程款，其所造成的一切后果由乙方自行承担。

10.1.2 完工结算：

乙方办理完工结算须具备以下条件：a 按协议要求完成所有工程；b 工程经验收合格；c 上交甲方所要求整理的所有技术资料；d 办理完退场手续；e 向甲方提供与当地是否存在经济纠纷的有关证明（如村委会的签字和盖章）。具备上述条件后，甲乙双方共同签署《合同履约清单》（见附件），甲方为乙方办理完工结算，并向乙方支付除质量保证金外的工程款及履约保证金。支付的最后期限为竣工验收之日起____个月内付清。

10.1.3 最终结算：质保期满，甲方同业主办理完质量保证金退还手续后，由甲方通知乙方办理有关乙方质量保证金的退还手续，并在____个月内付清。

10.2 因乙方原因致使合同不能履行或在合同未履行完又未经甲方同意而乙方擅自停工或撤离现场时，甲方有权终止合同，另行安排队伍施工。甲方在对乙方已完工程量进行结算时，按合同单价的70%进行结算。

10.3 乙方使用甲方施工机械设备，必须签订租赁合同，费用从乙方工程款中扣除。

10.4 营业税、城市维护建设税、教育费附加由甲方代交，结算时，在甲方支付给乙方的工程款中等额扣除。

11. 解决纠纷的办法

在合同履行过程中如发生纠纷，双方应及时协商解决，协商不成时，双方自愿约定向甲方所在地有管辖权的法院起诉。

12. 附则

12.1 本合同签订后，甲乙双方如需提出补充或修改时，经双方协商一致后可以签订补充合同，补充合同具有同等法律效力。

12.2 本合同的所有附件，均作为合同的组成部分。

12.3 此合同自双方代表签字盖章并在甲方收到乙方交纳的履约保证金后生效，至工程竣工验收完毕，保修期满并结清款项后自动失效。

12.4 本合同一式六份，甲方执五份，乙方执一份。

甲方单位：（盖章）

乙方单位：（盖章）

甲方代表：（签字）

乙方代表：（签字）

日期：　　年　　月　　日

（十）沥青路面施工劳务承包合同

甲方：

乙方：

根据《中华人民共和国合同法》和《建筑安装工程承包条例》以及有关规定和甲方与业主签订的《合同协议书》，结合本工程的具体情况，为明确甲乙双方在施工过程中的权利义务关系，在公正公平、互惠互利的基础上，经甲乙双方协商一致，签订本合同，以望共同遵守。

1. 工程概况及合同价款

1.1 工程项目名称：

1.2 工程地点：

1.3 工程内容及工程数量：

1.3.1 工程内容：①修建拌和设备、锅炉基座及储油池、沉淀池的全部工作。②砌筑上料台。③拌和设备、锅炉、输油管线的安装拆除及调试。④购买沥青、石屑、碎石等原材料。⑤沥青加热、保温、输送，装载机铲运料、上料，配运料，矿料加热烘干，拌和，出料。⑥自卸车运送沥青混合料至施工现场。⑦前台清扫整理下承层，摊铺机摊铺混合料，找平，碾压，养护。⑧现场测量及试验工作。⑨内业资料整理填报并经监理签字后交甲方存档。

1.3.2 工程数量：暂按图纸工程数量，数量见《工程数量及单价一览表》。结算时，合同内工程以甲方、监理、业主确认且实际发生的工程数量为准；合同外工程，乙方应做好原始资料，经甲方及监理工程师签字认可、业主批复后再按合同单价办理结算。否则，甲方不予结算。

1.4 承包方式：以单价形式实行承包，承包单价涵盖 1.3.1 条所包括的全部内容，单价见《工程数量及单价一览表》。

1.5 单价说明：《工程数量及单价一览表》中的单价费用包括：a 设备和人员进退场费用；b 现场施工人员的食宿；c 生活、施工用水、用电；d 临时征地和复耕费；e 临时用电线路架设费；f 施工便道修筑、硬化、养护、管理费；g 施工用所有设备（含油费）的使用、租赁、维修费用；h 各种材料费用以及小型机具费；i 现场技术管理、原始资料、技术资料整理费用；j 现场试验仪器和测量仪器的配备以及现场试验检测费；k 为完成本合同工程内容所做的一切准备工作、辅助工作和服务工作的费用；l 缺陷修复、管理、保险等费用，以及合同明示或暗示的所有责任、义务和一般风险。

1.6 合同价款：

2. 工程期限

2.1 根据工程总工期要求，合同双方商定该工程工期为____个月，自____年____月____日开工，至____年____月____日完工。

2.2 开工前____天，甲方向乙方发出开工通知书。乙方如不能按约定开工日期开始施工，应在开工日期____天前，以书面形式向甲方提出延期开工的理由和要求，未经甲方书面同意，则工期不予顺延，并由乙方承担未按时开工造成的损失。

2.3 如有下列情况之一，经甲方确认后，工期可以相应顺延，并用书面的形式确定顺延期限（但是不能作为索赔金额的依据）：

2.3.1 甲方提供图纸不及时以及设计变更等影响正常施工。

2.3.2 因不可抗力因素而影响施工。

2.4 乙方的施工进度应满足合同工期的要求，如不能按期完工，每逾期一天按合同总价的____‰偿付逾期违约金。

3. 双方的权利和义务

3.1 甲方

3.1.1 在开工前应协助办理征地拆迁、施工用地、协助乙方解决施工用水、用电等，其费用由乙方负责。

3.1.2 负责办理开工报告等施工前的准备工作。

3.1.3 向乙方下达施工进度计划并对乙方的工程进度和质量进行监督，对工程数量进行签证。

3.1.4 对乙方下达施工进度计划并对乙方的工程进度和质量进行监督，对隐蔽工程和合同工程数量变更进行签证。

3.1.5 按合同规定由甲方供应的材料、设备，甲方应按时组织供应，以满足工程进度的需要。甲方供应材料详见详见附表《材料供应一览表》。

3.1.6 开工前向乙方做好交桩工作。如果有必要，甲方可向乙方提供试验测量服务，满足乙方施工需要，其费用由乙方承担。

3.1.7 如果乙方严重违反合同，甲方提出又不加以改正，致使合同难以履行时，甲方有权采取一切措施直至终止合同，并视情节轻重，追究乙方法律责任。

3.1.8 从全局利益出发，在遇有紧急情况或突发事件时，有权对乙方的人员和设备进行统一调配和无偿使用。

3.1.9 对乙方在劳务施工过程中发生的一切对外经济活动所造成的后果，乙方自负，甲方不负任何责任。

3.2 乙方

3.2.1 要严格遵守国家的政策、法令和法规，及地方政府的规定。

3.2.2 不得擅自将承包的工程分包或转包给其他人，否则甲方有权解除承包合同并没收其履约保证金。

3.2.3 必须服从甲方管理人员的安排，并完成甲方及业主的质量进度要求。

3.2.4 做好施工场地的平整、施工界区内的施工用水、用电、道路、管线的敷设、临时设施的建设管理、使用和维修。

3.2.5 根据甲乙双方初步协商，乙方拟投入本工程施工的人员和设备，应在本合同签定后____日内全部到达施工现场，并通知甲方有关负责人到现场清点签认，同时提供相应的证书。如果乙方上述人员和机械设备在施工过程中需要发生变动，乙方应提前____日书面通知甲方，并征得甲方项目经理同意，否则视乙方违约。

3.2.6 每月向甲方提供材料设备进场计划和施工用水用电计划。

3.2.7 每月必须以书面的形式将合同履行情况上报甲方项目经理部。

3.2.8 自备车辆接送监理抽检。

3.2.9 按甲方要求上报各种有关技术文件和资料、报表。

3.2.10 保质、保量、按期完成本合同规定的全部工程内容，包括设计变更和增加工程。全部工程必须达到本合同第 5 条规定的质量要求。

3.2.11 负责处理好地方关系，避免与地方发生不必要的经济纠纷。否则，造成的一切后果和损失由乙方承担。

3.2.12 乙方在施工过程中，要保证承包范围的场内外的环境不被污染。否则，造成的一切后果和损失由乙方承担。

3.2.13 根据工程需要，负责维修施工用电照明、看守围拦和警示标志等施工防护设施。另外，施工造成的水土流失，污染农田、鱼塘以及因施工车辆造成的道路、农作物污染，均由乙方负责处理解决，费用自理。

3.2.14 工程竣工之后，乙方应进行场地清理平整，做到工完场清，并协助提供交工验收有关资料。在本工程未交付甲方前，应负责已完工程的保护工作，若有损坏，应自费予以修复。

3.2.15 在甲方的指导下全力做好与文明施工相关的所有工作，包括各种彩旗标语的安放布置、施工人员的着装要求、废渣废料的合理堆放与及时清理及施工现场的交通管制工作等，其费用由乙方自理。

3.2.16 本工程所属政府或上级有关部门规定的税、费及办证费用由乙方承担。

4. 工程材料设备的供应与验收

4.1 本工程由甲方供应的材料为＿＿＿＿＿＿，乙方应提前 10 天向甲方提出材料书面供应计划，甲方根据乙方计划、工程进度及定额需要向乙方供应，经双方点验签证后，由乙方保管使用。材料费用在结算时按合同规定的单价计算，并在甲方支付给乙方的工程款中扣除。

4.2 甲方供应以外的其他材料由乙方自行采购。甲方供应或乙方自行采购的材料、设备，必须附有产品合格证书才能用于本工程，材料由实验室检查合格后方可使用，设备由设备部门验收。

4.3 严禁使用不合格材料，甲方如果发现不合格材料时，有权下达停工令，造成的损失由乙方承担。

4.4 为保证施工的顺利进行，凡由甲方供应的主要材料，乙方不得擅自变卖或挪作它用，一旦发现，按＿＿%处以罚款。情节严重者，甲方有权终止合同，乙方必须赔偿由此而发生的一切经济损失。

4.5 由甲方提供给乙方的主要材料，场内运输由乙方负责。

5. 工程质量

5.1 本工程质量要求分项工程合格率 100%，单位工程验收合格率 100%，并达到甲方要求的创优目标及企业质量目标。

5.2 乙方应严格按照施工图纸、说明、技术交底和国家颁发的有关施工技术规范、标准的有效版本进行施工，并接受甲方现场代表的监督、检查和指导。

5.3 甲方提供或乙方代购的材料、设备、构件、配件、成品或半成品必须有质量合格证，并经检验合格后方可用于本工程。对材料改变或代换必须经甲方同意并签发正式书面通知书后，方可用于本工程。

5.4 在施工中如发生质量问题及事故，不得擅自处理或继续施工，并应及时报告甲方。

5.5 因乙方原因工程质量达不到规定的质量标准的，乙方应承担违约责任并进行返工或返修或报废处理，由此造成的全部损失由乙方负担。

5.6 甲方对乙方工程质量的检查与验收，不能免除乙方的质量责任，任何质量缺陷及因此造成的损失由乙方承担。

6. 安全责任

6.1 乙方保证轻伤率在2%以内，重伤率在3‰以内，杜绝人身伤亡事故及重大安全事故。

6.2 乙方施工前应制订安全制度，对职工进行安全生产教育，施工中必须按有关规定设置和佩带安全防护器材，严格遵守安全操作规程，确保施工安全，乙方在施工中造成的人身伤亡及财产损坏事故，及其对第三方造成的人身和财物损害，一切责任由乙方自行负担，并不得因此影响工期。

6.3 凡在公路和地方道路附近施工，乙方必须设置警告标志，配备施工安全员，并确保既有公路和地方道路的正常通行。

7. 合同的订立与履约保证

7.1 按照施工规范的要求，为了确保工程质量和进度，双方商定的人员、设备必须足额到位（人员、设备一览表附后）。

7.2 合同签订时，乙方自愿向甲方交纳本合同价款10 %的履约保证金，计人民币____元。

7.3 乙方若不能按甲方开工通知书规定的最后期限将甲方要求的人员、设备全部到位，则视乙方单方面解除合同，不影响甲方再寻求新的合作单位，交纳的履约保证金甲方不再返还，以补偿由此给甲方造成的损失。

8. 施工与设计变更

8.1 乙方必须按时完成甲方下达的工程施工计划，同时应书面报告当月计划执行情况以及超额完成或未完成计划的原因，甲方收到报告后提出意见，给予批准或提出修改意见交乙方执行。

8.2 乙方负责施工中的现场管理，甲方所交桩点，乙方必须注意保护。

8.3 施工中如发现设计有错误的地方，乙方应及时以书面形式报告甲方，由甲方负责处理。乙方应按修改或变更后的设计进行施工，若发生费用增减，则调整合同总价。

8.4 甲方如需变更设计，必须发出正式变更通知书，乙方予以实施，由此引起的费用增减，则调整合同总价。

9. 工程交验

工程交验应以国家及地方颁发的有关规定、标准和施工图纸、说明书、施工技术文件等为依据。凡因乙方施工原因造成的工程不合格或有质量缺陷，由乙方无偿处理，并承担与此相关的责任，或由甲方进行修理，费用由乙方承担。

10. 工程价款的结算与支付

10.1 结算程序：

10.1.1 中间支付：每月甲方上报到业主的计量批复之后，甲方根据合同附表中相应项目的单价及乙方实际完成的工程数量计算乙方的工程价款。办理结算时，应从乙方工程款中扣除5%作为质量保证金；乙方在办理结算时应出具相应的票据。

其次，甲方支付给乙方的工程款应全部用于本工程，不得挪作它用，否则甲方有权暂停支付工程款，其所造成的一切后果由乙方自行承担。

10.1.2 完工结算：

乙方办理完工结算须具备以下条件：a 按协议要求完成所有工程；b 工程经验收合格；c 上交甲方所要求整理的所有技术资料；d 办理完退场手续；e 向甲方提供与当地是否存在经济纠纷的有关

证明（如村委会的签字和盖章）。具备上述条件后，甲乙双方共同签署《合同履约清单》（见附件），甲方为乙方办理完工结算，并向乙方支付除质量保证金外的工程款及履约保证金。支付的最后期限为竣工验收之日起____个月内付清。

10.1.3 最终结算：质保期满，甲方同业主办理完质量保证金退还手续后，由甲方通知乙方办理有关乙方质量保证金的退还手续，并在____个月内付清。

10.2 因乙方原因致使合同不能履行或在合同未履行完又未经甲方同意而乙方擅自停工或撤离现场时，甲方有权终止合同，另行安排队伍施工。甲方在对乙方按已完工程量进行结算时，按合同单价的70%进行结算。

10.3 乙方使用甲方施工机械设备，必须签订租赁合同，费用从乙方工程款中扣除。

10.4 营业税、城市维护建设税、教育费附加由甲方代交，结算时，在甲方支付给乙方的工程款中等额扣除。

11. 解决纠纷的办法

在合同履行过程中如发生纠纷，双方应及时协商解决，协商不成时，双方自愿约定向甲方所在地有管辖权的法院起诉。

12. 附则

12.1 本合同签订后，甲乙双方如需提出补充或修改时，经双方协商一致后可以签订补充合同，补充合同具有同等法律效力。

12.2 本合同的所有附件，均作为合同的组成部分。

12.3 此合同自双方代表签字盖章并在甲方收到乙方交纳的履约保证金后生效，至工程竣工验收完毕，保修期满并结清款项后自动失效。

12.4 本合同一式六份，甲方执五份，乙方执一份。

甲方单位：（盖章）

乙方单位：（盖章）

甲方代表：（签字）

乙方代表：（签字）

日期：　　年　　月　　日

（十一）涵洞工程劳务承包合同

甲方：

乙方：

根据《中华人民共和国合同法》和《建筑安装工程承包条例》以及有关规定和甲方与业主签订的《合同协议书》，结合本工程的具体情况，为明确甲乙双方在施工过程中的权利义务关系，在公正公平、互惠互利的基础上，经甲乙双方协商一致，签订本合同，以望共同遵守。

1. 工程概况及合同价款

1.1 工程项目名称：

1.2 工程地点：

1.3 工程内容及工程数量：

1.3.1 工程内容：①基坑开挖及修整。②基底换填及基础垫层处理。③基础混凝土浇筑。④八字墙、墙身施工及勾缝修整。⑤台帽施工及盖板预制、安装。⑥台背处理及搭板施工。⑦负责现场测量、试验等工作。⑧内业资料整理填报并经监理签字后交甲方存档。

1.3.2 工程数量：暂按图纸工程数量，数量见《工程数量及单价一览表》。结算时，合同内工程以甲方、监理、业主确认且实际发生的工程数量为准；合同外工程，乙方应做好原始资料，经甲方及监理工程师签字认可、业主批复后再按合同单价办理结算。否则，甲方不予结算。

1.4 承包方式：以单价形式实行承包，承包单价涵盖1.3.1条所包括的全部内容，单价见《工程数量及单价一览表》。

1.5 单价说明：《工程数量及单价一览表》中的单价费用包括：a设备和人员进退场费用；b现场施工人员的食宿；c生活、施工用水、用电；d临时征地和复耕费；e临时用电线路架设费；f施工便道修筑、硬化、养护、管理费；g施工用所有设备（含油费）的使用、租赁、维修费用；h各种材料费用以及小型机具费；i现场技术管理、原始资料、技术资料整理费用；j现场试验仪器和测量仪器的配备以及现场试验检测费；k为完成本合同工程内容所做的一切准备工作、辅助工作和服务工作的费用；l缺陷修复、管理、保险等费用，合同明示或暗示的所有责任、义务和一般风险。

1.6 合同价款：

2. 工程期限

2.1 根据工程总工期要求，合同双方商定该工程工期为____天，自____年____月____日开工，至____年____月____日完工。

2.2 开工前____天，甲方向乙方发出开工通知书。乙方如不能按约定开工日期开始施工，应在开工日期____天前，以书面形式向甲方提出延期开工的理由和要求，未经甲方书面同意，工期不予顺延，并由乙方承担未按时开工造成的损失。

2.3 如有下列情况之一，经甲方签认后，工期可以相应顺延，并用书面的形式确定顺延期限（但是不能作为索赔金额的依据）：

2.3.1 甲方提供图纸不及时以及设计变更等影响正常施工。

2.3.2 因不可抗力因素影响施工。

2.4 乙方的施工进度应满足合同工期的要求，如不能按期完工，每逾期一天按合同总价的____‰偿付逾期违约金。

3. 双方的权利和义务

3.1 甲方

3.1.1 在开工前应协助乙方办理征地拆迁、施工用地、协助乙方解决施工用水、用电等，其费用由乙方负责。

3.1.2 负责办理开工报告等施工前的准备工作。

3.1.3 向乙方提供施工图纸及有关技术资料，必要时进行技术交底。

3.1.4 向乙方下达施工进度计划并对乙方的工程进度和质量进行监督，对工程数量进行签证。

3.1.5 按合同规定由甲方供应的材料、设备，甲方应按时组织供应，以满足工程进度的需要。甲方供应材料详见附表《材料供应一览表》。

3.1.6 开工前向乙方做好交桩工作。如果有必要，甲方可向乙方提供试验测量服务，满足乙方施工需要，其费用由乙方承担。

3.1.7 如果乙方严重违反合同，甲方提出又不加以改正，致使合同难以履行时，甲方有权采取一切措施直至终止合同，并视情节轻重，追究乙方法律责任。

3.1.8 从全局利益出发，在遇有紧急情况或突发事件时，有权对乙方的人员和设备进行统一调配和无偿使用。

3.1.9 对乙方在劳务施工过程中发生的一切对外经济活动所造成的

后果，乙方自负，甲方不负任何责任。

3.2 乙方

3.2.1 要严格遵守国家的政策、法令和法规，及地方政府的规定。

3.2.2 不得擅自将承包的工程分包或转包给其他人，否则甲方有权解除本承包合同并没收其履约保证金。

3.2.3 必须服从甲方管理人员的安排，并完成甲方及业主的质量进度要求。

3.2.4 做好施工场地的平整、施工界区内的施工用水、用电、道路、管线的敷设、临时设施的建设管理、使用和维修。

3.2.5 根据甲乙双方初步协商，乙方拟投入本工程施工的人员和设备，应在本合同签订后____日内全部到达施工现场，并通知甲方有关负责人到现场清点签认，同时提供相应的证书。如果乙方上述人员和机械设备在施工过程中需要发生变动，乙方应提前____日书面通知甲方，并征得甲方项目经理同意，否则视乙方违约。

3.2.6 每月向甲方提供材料设备进场计划和施工用水用电计划。

3.2.7 每月必须以书面的形式将合同履行情况上报甲方项目经理部。

3.2.8 自备车辆接送监理抽检。

3.2.9 按甲方要求上报各种技术文件和资料、报表。

3.2.10 保质、保量、按期完成本合同规定的全部工程内容，包括设计变更和增加工程。全部工程必须达到本合同第5条规定的质量要求。

3.2.11 负责处理好地方关系，避免与地方发生不必要的经济纠纷。否则，造成的一切后果和损失由乙方承担。

3.2.12 根据工程需要，负责维修施工用电照明，看守围拦和警示标志等施工防护设施。另外，施工造成的水土流失，污染农田、鱼塘以及因施工车辆造成的道路、农作物污染，均由乙方负责处理解决，费用自理。

3.2.13 工程竣工之后，乙方应进行场地清理平整，做到工完场清，并协助提供交工验收有关资料。在本工程未交付甲方前，应负责已完工程的保护工作，若有损坏，应自费予以修复。

3.2.14 乙方在施工中如发现文物或古迹等，应做好保护工作，并及时通知甲方，由甲方与文物部门联系，不可擅自处理或继续进行施工。

3.2.15 在甲方的指导下全力做好与文明施工相关的所有工作，包括各种彩旗标语的安放布置、施工人员的着装要求、废渣废料的合理堆放与及时清理、施工现场的交通管制工作等，其费用由乙方自理。

3.2.16 本工程所属政府或上级有关部门规定的税、费及办证费用由乙方承担。

4. 工程材料设备的供应与验收

4.1 本工程由甲方供应的材料或半成品为＿＿＿＿＿＿＿＿，乙方应提前10天向甲方提出材料书面供应计划，甲方根据乙方计划、工程进度及定额需要向乙方供应，经双方点验签证后，由乙方保管使用。材料费用在结算时按合同规定的单价计算，并在甲方支付给乙方的工程款中扣除。

4.2 甲方供应以外的其他材料由乙方自行采购。甲方供应或乙方自行采购的材料、设备，必须附有产品合格证书才能用于本工程，材料由实验室检查合格后方可使用，设备由设备部门验收。

4.3 严禁使用不合格材料，甲方如果发现不合格材料时，有权下达停工令，造成的损失由乙方承担。

4.4 为保证施工的顺利进行，凡由甲方供应的主要材料，乙方不得擅自变卖或挪作它用，一旦发现，按＿＿%处以罚款，情节严重者，甲方有权终止合同，乙方必须赔偿由此而发生的一切经济损失。

4.5 由甲方提供给乙方的主要材料，场内运输由乙方负责。

5. 工程质量

5.1 本工程质量要求分项工程合格率 100%，单位工程验收合格率 100%，并达到甲方要求的创优目标及企业质量目标。

5.2 乙方应严格按照施工图纸、说明、技术交底和国家颁发的有关施工技术规范、标准的有效版本进行施工，并接受甲方现场代表的监督、检查和指导。

5.3 甲方提供或乙方代购的材料、设备、构件、配件、成品或半成品必须有质量合格证，并经检验合格后方可用于本工程。对材料改变或代换必须经甲方同意并签发正式书面通知书后，方可用于本工程。

5.4 在施工中如发生质量问题及事故，不得擅自处理或继续施工，并应及时报告甲方。

5.5 因乙方原因工程质量达不到规定的质量标准的，乙方应承担违约责任并进行返工或返修或报废处理，由此造成的全部损失由乙方负担。

5.6 甲方对乙方工程质量的检查与验收，不能免除乙方的质量责任，任何质量缺陷及因此造成的损失由乙方承担。

6. 安全责任

6.1 乙方保证轻伤率在 2% 以内，重伤率在 3‰以内，杜绝人身伤亡事故及重大安全事故。

6.2 乙方施工前应制订安全制度，对职工进行安全生产教育，施工中必须按有关规定设置和佩带安全防护器材，严格遵守安全操作规程，确保施工安全，乙方在施工中造成的人身伤亡及财产损坏事故，及其对第三方造成的人身和财物损害，一切责任由乙方自行负担，并不得因此影响工期。

6.3 凡在公路或地方道路附近施工，乙方必须设置警告标志，配备施工安全员，并确保既有公路或地方道路的正常通行。

7. 合同的订立与履约保证

7.1 按照施工规范的要求，为了确保工程质量和进度，双方商定的人员、设备必须足额到位（人员、设备一览表附后）。

7.2 合同签订时，乙方自愿向甲方交纳本合同价款10%的履约保证金，计人民币____元。

7.3 乙方若不能按甲方开工通知书规定的最后期限将甲方要求的人员、设备全部到位，则视乙方单方面解除合同，不影响甲方再寻求合作单位，交纳的履约保证金甲方不再返还，以补偿由此给甲方造成的损失。

8. 施工与设计变更

8.1 乙方必须按时完成甲方下达的工程施工计划，同时应书面报告当月计划执行情况以及超额完成或未完成计划的原因，甲方收到报告后提出意见，给予批准或提出修改意见交乙方执行。

8.2 乙方负责施工中的现场管理，甲方所交桩点，乙方必须注意保护。

8.3 施工中如发现设计有错误的地方，乙方应及时以书面形式报告甲方，由甲方负责处理。乙方应按修改或变更后的设计进行施工，若发生费用增减，则调整相应的合同单价。

8.4 甲方如需变更设计，必须发正式变更通知书，由乙方实施，由此引起的费用增减，则调整相应的合同单价。

9. 工程交验

工程交验应以国家及地方颁发的有关规定，标准和施工图纸、说明书、施工技术文件等为依据。凡因乙方施工原因造成的工程不合格或有质量缺陷，由乙方无偿处理，并承担与此相关的责任，或由甲方进行修理，费用由乙方承担。

10. 工程价款的结算与支付

10.1 结算程序：

10.1.1 中间支付：每月甲方上报到业主的计量批复之后，甲方根据合同附表中相应项目的单价及乙方实际完成的工程数量计算乙方的工程价款。办理结算时，应从乙方工程款中扣除 5 % 作为质量保证金；乙方在办理结算时应出具相应的票据。

其次，甲方支付给乙方的工程款应全部用于本工程，不得挪作它用，否则甲方有权暂停支付工程款，其所造成的一切后果由乙方自行承担。

10.1.2 完工结算：

乙方办理完工结算须具备以下条件：a 按协议要求完成所有工程；b 工程经验收合格；c 上交甲方所要求整理的所有技术资料；d 办理完退场手续；e 向甲方提供与当地是否存在经济纠纷的有关证明（如村委会的签字和盖章）。具备上述条件后，甲乙双方共同签署《合同履约清单》（见附件），甲方为乙方办理完工结算，并向乙方支付除质量保证金外的工程款及履约保证金。支付的最后期限为竣工验收之日起____个月内付清。

10.1.3 最终结算：质保期满，甲方同业主办理完质量保证金退还手续后，由甲方通知乙方办理有关乙方质量保证金的退还手续，并在____个月内付清。

10.2 因乙方原因致使合同不能履行或在合同未履行完又未经甲方同意而乙方擅自停工或撤离现场时，甲方有权终止合同，另行安排队伍施工。甲方在对乙方已完工程量进行结算时，按合同单价的 70% 进行结算。

10.3 乙方使用甲方施工机械设备，必须签订租赁合同，费用从乙方工程款中扣除。

10.4 营业税、城市维护建设税、教育费附加由甲方代交，结算时，在甲方支付给乙方的工程款中等额扣除。

11. 解决纠纷的办法

在合同履行过程中如发生纠纷，双方应及时协商解决，协商不成时，双方自愿约定向甲方所在地有管辖权的法院起诉。

12. 附则

12.1 本合同签订后，甲乙双方如需提出补充或修改时，经双方协商一致后可以签订补充合同，补充合同具有同等法律效力。

12.2 本合同的所有附件，均作为合同的组成部分。

12.3 此合同自双方代表签字盖章并在甲方收到乙方交纳的履约保证金后生效，至工程竣工验收完毕，保修期满并结清款项后自动失效。

12.4 本合同一式六份，甲方执五份，乙方执一份。

甲方单位：（盖章）

乙方单位：（盖章）

甲方代表：（签字）

乙方代表：（签字）

日期：　　　年　　月　　日

（十二）防护工程劳务承包合同

甲方：

乙方：

根据《中华人民共和国合同法》和《建筑安装工程承包条例》以及有关规定和甲方与业主签订的《合同协议书》，结合本工程的具体情况，为明确甲乙双方在施工过程中的权利义务关系，在公正公平、互惠互利的基础上，经甲乙双方协商一致，签订本合同，以望共同遵守。

1. 工程概况及合同价款

1.1 工程项目名称：

1.2 工程地点：

1.3 工程内容及工程数量：

1.3.1 工程内容：①刷坡、开挖边沟基坑、浆砌、抹面、勾缝、养生（植草护坡的工程内容为刷坡、种草籽、三维网垫、液压喷播）。②护坡预制块的预制、安装。③现场测量及试验工作。④内业资料整理填报并经监理签字后交甲方存档。

1.3.2 工程数量：暂按图纸工程数量，数量见《工程数量及单价一览表》。结算时，合同内工程以甲方、监理、业主确认且实际发生的工程数量为准；合同外工程，乙方应做好原始资料，经甲方及监理工程师签字认可、业主批复后再按合同单价办理结算。否则，甲方不予结算。

1.4 承包方式：以单价形式实行承包，承包单价涵盖1.3.1条所包括的全部内容，单价见《工程数量及单价一览表》。

1.5 单价说明：《工程数量及单价一览表》中的单价费用包括：a设备和人员进退场费用；b现场施工人员的食宿；c生活、施工用水、用电；d临时征地和复耕费；e临时用电线路架设费；f施工便道修筑、硬化、养护、管理费；g 施工用所有设备（含油费）的使用、租赁、维修费用；h 各种材料费用以及小型机具费；i 现场技术管理、原始资料、技术资料整理费用；j 现场试验仪器和测量仪器的配备以及现场试验检测费；k 为完成本合同工程内容所做的一切准备工作、辅助工作和服务工作的费用；l 缺陷修复、管理、保险等费用，以及合同明示或暗示的所有责任、义务和一般风险。

1.6 合同价款：

2. 工程期限

2.1 根据工程总工期要求，合同双方商定该工程工期为____个月，自_____年____月____日开工，至_____年____月____日完工。

2.2 开工前____天，甲方向乙方发出开工通知书。乙方如不能按约定开工日期开始施工，应在开工日期____天前，以书面形式向甲方提出延期开工的理由和要求，未经甲方书面同意，则工期不予顺延，并由乙方承担未按时开工造成的损失。

2.3 如有下列情况之一，经甲方确认后，工期可以相应顺延，并用书面的形式确定顺延期限（但是不能作为索赔金额的依据）：

2.3.1 甲方提供图纸不及时以及设计变更等影响正常施工。

2.3.2 因不可抗力因素影响施工。

2.4 乙方的施工进度应满足合同工期的要求，如不能按期完工，每逾期一天按合同总价的____‰偿付逾期违约金。

3. 双方的权利和义务

3.1 甲方

3.1.1 在开工前应协助乙方办理征地拆迁、施工用地、协助解决施工用水、用电等，其费用由乙方负责。

3.1.2 负责办理开工报告等施工前的准备工作。

3.1.3 向乙方提供施工图纸及有关技术资料，必要时进行技术交底。

3.1.4 向乙方下达施工进度计划并对乙方的工程进度和质量进行监督，对工程数量进行签认。

3.1.5 按合同规定由甲方供应的材料、设备，甲方应按时组织供应，以满足工程进度的需要。甲方供应材料详见附表《材料供应一览表》。

3.1.6 开工前向乙方做好交桩工作。如果有必要，甲方可向乙方提供试验测量服务，满足乙方施工需要，其费用由乙方承担。

3.1.7 如果乙方严重违反合同，甲方提出后又不加以改正，致使合同难以履行时，甲方有权采取一切措施直至终止合同，并视情节轻重，追究乙方法律责任。

3.1.8 从全局利益出发，在遇有紧急情况或突发事件时，有权对乙方的人员和设备进行统一调配和无偿使用。

3.1.9 对乙方在劳务施工过程中发生的一切对外经济活动所造成的后果，乙方自负，甲方不负任何责任。

3.2 乙方

3.2.1 要严格遵守国家的政策、法令和法规，及地方政府的规定。

3.2.2 不得擅自将承包工程分包或转包给其他人，否则由此造成的一切损失和后果由乙方承担，甲方有权解除承包合同并没收其履约保证金。

3.2.3 必须服从甲方管理人员的安排，并完成甲方及业主的质量进度要求。

3.2.4 做好施工场地的平整、施工界区内的施工用水、用电、道路、管线的敷设、临时设施的建设、使用和维修。

3.2.5 根据甲乙双方初步协商，乙方拟投入本工程施工的人员和设备，应在本合同签订后____日内全部到达施工现场，并通知甲方有关负责人到现场清点签认，同时提供相应的证书。如果乙方上述人员和机械设备在施工过程中需要发生变动，乙方应提前____日书面通知甲方，并征得甲方项目经理同意，否则视乙方违约。

3.2.6 每月向甲方提供材料设备进场计划和施工用水用电计划。

3.2.7 每月必须以书面的形式将合同履行情况上报甲方项目经理部。

3.2.8 自备车辆接送监理抽检。

3.2.9 按甲方要求上报各种技术文件和资料、报表。

3.2.10 保质、保量、按期完成本合同规定的全部工程内容，包括设计变更和增加工程。全部工程必须达到本合同第5条规定的质量要求。

3.2.11 负责处理好地方关系，避免与地方发生不必要的经济纠纷。否则，造成的一切后果和损失由乙方承担。

3.2.12 根据工程需要，负责维修施工用电照明、看守围拦和警示标志等施工防护设施。另外，施工造成的水土流失，污染农田、鱼塘以及因施工车辆造成的道路、农作物污染，均由乙方负责处理解决，费用自理。

3.2.13 工程竣工之后，乙方应进行场地清理平整，做到工完场清，并协助提供交工验收有关资料。在本工程未交付甲方前，应负责已完工程的保护工作，若有损坏，应自费予以修复。

3.2.14 乙方在施工中如发现文物或古迹等，应做好其保护工作，并及时通知甲方，由甲方与文物部门联系，不可擅自处理或继续进行施工。

3.2.15 在甲方的指导下全力做好与文明施工相关的所有工作，包括各种彩旗标语的安放布置、施工人员的着装要求、废渣废料的合理堆放与及时清理，施工现场的交通管制工作等，其费用由乙方自理。

3.2.16 本工程所属政府或上级有关部门规定的税、费及办证费用由乙方承担。

4. 工程材料设备的供应与验收

4.1 本工程由甲方供应的材料为__________，乙方应提前10天向甲方提出材料书面供应计划，甲方根据乙方计划、工程进度及定额需要向乙方供应，经双方点验签证后，由乙方保管使用。材料费用在结算时按合同规定的单价计算，并在甲方支付给乙方的工程款中扣除。

4.2 甲方供应以外的其他材料由乙方自行采购。甲方供应或乙方自行采购的材料、设备，必须附有产品合格证书才能用于本工程，材料由实验室检查合格后方可使用，设备由设备部门验收。

4.3 严禁使用不合格材料，甲方如果发现不合格材料时，有权下达停工令，造成的损失由乙方承担。

4.4 为保证施工的顺利进行，凡由甲方供应的主要材料，乙方不得擅自变卖或挪作它用，一旦发现，按____%处以罚款。情节严重者，甲方有权终止合同，乙方必须赔偿由此而发生的一切经济损失。

4.5 由甲方提供给乙方的主要材料，场内运输由乙方负责。

5. 工程质量

5.1 本工程质量要求分项工程合格率100%，单位工程验收合格率100%，并达到甲方要求的创优目标及企业质量目标。

5.2 乙方应严格按照施工图纸、说明、技术交底和国家颁发的有关施工技术规范、标准的有效版本进行施工，并接受甲方现场代表的监督、检查和指导。

5.3 甲方提供或乙方采购的材料、设备、构件、配件、成品或半成品必须有质量合格证，并经检验合格后方可用于本工程。对材料改变或代换必须经甲方同意并签发正式书面通知书后，方可用于本工程。

5.4 在施工中如发生质量问题及事故，不得擅自处理或继续施工，并应及时报告甲方。

5.5 因乙方原因工程质量达不到规定的质量标准的，乙方应承担违约责任并进行返工、返修或报废处理，由此造成的全部损失由乙方负担。

5.6 甲方对乙方工程质量的检查与验收，不能免除乙方的质量责任，任何质量缺陷及因此造成的损失由乙方承担。

6. 安全责任

6.1 乙方保证轻伤率在2%以内，重伤率在3‰以内，杜绝人身伤亡事故及重大安全事故。

6.2 乙方施工前应制订安全制度，对职工进行安全生产教育，施工中必须按有关规定设置和佩带安全防护器材，严格遵守安全操作规程，确保施工安全，乙方在施工中造成的人身伤亡及财产损坏事故，及其对第三方造成的人身和财物损害，一切责任由乙方自行负担，并不得因此影响工期。

6.3 凡在公路或地方道路附近施工，乙方必须设置警告标志，配备施工安全员，并确保既有公路和地方道路的正常通行。

7. 合同的订立与履约保证

7.1 按照施工合同的要求，为了确保工程质量和进度，双方商定的人员、设备必须按时足额到位（人员、设备一览表附后）。

7.2 合同签订时，乙方自愿向甲方交纳本合同价款10%的履约保证金，计人民币______元。

7.3 乙方若不能按甲方开工通知书规定的最后期限将甲方要求的人员、设备全部到位，则视乙方单方面解除合同，不影响甲方再寻求新的合作单位，交纳的履约保证金甲方不再返还，以补偿由此给甲方造成的损失。

8. 施工与设计变更

8.1 乙方必须按时完成甲方下达的工程施工计划，同时应书面报告当月计划执行情况及超额或未完成计划的原因，甲方收到报告后提出意见，给予批准或提出修改意见交乙方执行。

8.2 乙方负责施工中的现场管理，甲方所交桩点，乙方必须注意保护。

8.3 施工中如发现设计有错误的地方，乙方应及时以书面形式报告甲方，由甲方负责处理。乙方应按修改或变更后的设计进行施工，若发生费用增减，则调整合同总价。

8.4 甲方如需变更设计，必须发出正式变更通知书，由乙方予以实施，由此引起的费用增减，则调整合同总价。

9. 工程交验

工程交验应以国家及地方颁发的有关规定、标准和施工图纸、说明书、施工技术文件等为依据。凡因乙方施工原因造成的工程不合格或有质量缺陷，由乙方无偿处理，并承担与此相关的责任，或由甲方进行修理，费用由乙方承担。

10. 工程价款的结算与支付

10.1 结算程序：

10.1.1 中间支付：每月甲方上报到业主的计量批复之后，甲方根据合同附表中相应项目的单价及乙方实际完成的工程数量计算乙方的工程价款。办理结算时，应从乙方工程款中扣除 5 % 作为质量保证金；乙方在办理结算时应出具相应的票据。

其次，甲方支付给乙方的工程款应全部用于本工程，不得挪作它用，否则甲方有权暂停支付工程款，其所造成的一切后果由乙方自行承担。

10.1.2 完工结算：

乙方办理完工结算须具备以下条件：a 按协议要求完成所有工程；b 工程经验收合格；c 上交甲方所要求整理的所有技术资料；d 办理完退场手续；e 向甲方提供与当地是否存在经济纠纷的有关证明（如村委会的签字和盖章）。具备上述条件后，甲乙双方共同签署《合同履约清单》（见附件），甲方为乙方办理完工结算，并向乙方支付除质量保证金外的工程款及履约保证金。支付的最后期限为竣工验收之日起____个月内付清。

10.1.3 最终结算：质保期满，甲方同业主办理完质量保证金退还手续后，由甲方通知乙方办理有关乙方质量保证金的退还手续，并在____个月内付清。

10.2 因乙方原因致使合同不能履行或在合同未履行完又未经甲方同意而乙方擅自停工或撤离现场时，甲方有权终止合同，另行安排队伍施工。甲方在对乙方已完工程量进行结算时，按合同单价的70%进行结算。

10.3 乙方使用甲方施工机械设备，必须签订租赁合同，费用从乙方工程款中扣除。

10.4 营业税、城市维护建设税、教育费附加由甲方代交，结算时，在甲方支付给乙方的工程款中等额扣除。

11. 解决纠纷的办法

在合同履行过程中如发生纠纷，双方应及时协商解决，协商不成时，双方自愿约定向甲方所在地有管辖权的人民法院起诉。

12. 附则

12.1 本合同签订后，甲乙双方如需提出补充或修改时，经双方协商一致后可以签订补充合同，补充合同具有同等法律效力。

12.2 本合同的所有附件，均作为合同的组成部分。

12.3 此合同自双方代表签字盖章并在甲方收到乙方交纳的履约保证金后生效，至工程竣工验收完毕，保修期满并结清款项后自动失效。

12.4 本合同一式六份，甲方执五份，乙方执一份。

甲方单位：（盖章）

乙方单位：（盖章）

甲方代表：（签字）

乙方代表：（签字）

日期：　　年　　月　　日